다윈가

플라톤가

지식인마을08

세이건&호킹

우주의 대변인

지식인마을 08 우주의 대변인

세이건 & 호킹

저자_ 강태길

1판 1쇄 발행_ 2006. 11. 20.
2판 1쇄 발행_ 2013. 10. 10.
2판 2쇄 발행_ 2016. 4. 27.

발행처_ 김영사
발행인_ 김강유

등록번호_ 제406-2003-036호
등록일자_ 1979. 5. 17.

경기도 파주시 문발로 197(문발동) 우편번호 10881
마케팅부 031)955-3100, 편집부 031)955-3250, 팩시밀리 031)955-3111

값은 뒤표지에 있습니다.
ISBN 978-89-349-2134-9 04400
        978-89-349-2136-3 (세트)

독자의견 전화_ 031) 955-3200
홈페이지_ www.gimmyoung.com   카페_ cafe.naver.com/gimmyoung
페이스북_ facebook.com/gybooks   이메일_ bestbook@gimmyoung.com

좋은 독자가 좋은 책을 만듭니다.
김영사는 독자 여러분의 의견에 항상 귀 기울이고 있습니다.

세이건&호킹

Carl Sagan & Stephen Hawking

우주의 대변인

강태길 지음

김영사

우주는 넓고 할 일은 많다!

우주만큼 우리들의 지적 호기심을 자극하는 대상이 또 있을까? 그리고 우주에 대한 지식만큼 우리들의 사고방식과 삶의 방식에 깊은 영향을 미쳤던 지식 체계가 또 있을까? 고대 메소포타미아 문명이나 이집트 문명, 그리고 고대 중국의 문명에서 가장 발달한 지식 체계는 바로 천문학이었으며, 근대 과학 혁명의 중심에 코페르니쿠스와 갈릴레오의 천문학이 있었다.

이러한 천문학은 20세기에 들어서면서 비약적인 발전을 이루게 된다. 이른바 현대 물리학의 양대 산맥인 양자역학과 상대성 이론을 통해서 우리는 우주를 더 잘 이해할 수 있게 된 것이다. 이러한 과학의 발달을 통해서 인류는 이제 우주의 신비를 하나하나 벗겨내고 있다.

하지만 모든 사람들이 이러한 우주의 신비에 쉽게 접근할 수 있는 것은 아니다. 다른 분야들도 마찬가지겠지만, 천문학 역시 그 체계가 점점 세분화·전문화됨에 따라, 마침내 일반인들이 이해하기 매우 어려운 분야가 되어버렸다. 그 결과 대중들이 우주에 대한 과학 지식에 접근하지 못하고, 오히려 그로부터 소외되고 있다.

이러한 모순된 상황에 대한 인식으로 이 책을 기획하게 됐다. 이 책은 다음과 같은 두 가지 목적을 가지고 있다.

첫째, 독자들에게 현대 과학이 그리는 우주 그림을 가능한 한 쉽게 제시해주고자 했다. 이 그림에는 객관적인 사실에 대한 설명도 들어 있고, 철학적 해석도 들어 있다. 왜냐하면 우주를 제대로 이해하기 위해서는 과학적 마인드와 철학적 마인드를 함께 가져야 하기 때문이다.

이 책의 두 번째 목적은 독자들에게 과학의 대중화에 대한 고민의 단초를 제공하는 것이다. 과학이 아무리 발달한다고 해도 우리 스스로가 그 내용을 이해하지 못한다면, 우리는 인류가 그토록 자랑하는 과학 문명의 혜택을 누리지 못하고 살아가는 것이다. 이 문제를 극복하는 방법이 바로 과학의 대중화다.

따라서 나는 이 책을 읽는 독자들이 한편으로는 우주의 신비를 만끽하고, 다른 한편으로는 우주에 대한 지식인들의 과학적, 철학적 고민들을 제한적으로나마 공유할 수 있게 되기를 바란다.

이 책을 쓰면서 여러 분들의 도움을 받았다. 이 지면을 통해서 그분들에게 감사드리고 싶다. 장대익 박사는 이 책을 쓸 수 있는 기회를 제공해 주었고, 대학원 후배 이현옥은 실무적인 부분에서 많은 도움을 주었다. 이 분들의 조언과 격려가 아니었으면, 이 책은 완성되지 못했을 것이다. 아내 김혜원에게도 감사한다. 글을 쓰는 동안 베풀어 준 아내의 이런 저런 배려는 자신감과 집중력의 원천이 되었다. 마지막으로 끝을 알 수 없는 우주와 그 속의 모든 것들을 창조하신 하나님을 찬양합니다.

〈지식인마을〉시리즈는…

〈지식인마을〉은 인문·사회·과학 분야에서 뛰어난 업적을 남긴 동서양대표 지식인 100인의 사상을 독창적으로 엮은 통합적 지식교양서이다. 100명의 지식인이 한 마을에 살고 있다는 가정 하에 동서고금을 가로지르는 지식인들의 대립·계승·영향 관계를 일목요연하게 볼 수 있도록 구성했으며, 분야별·시대별로 4개의 거리를 구성하여 해당 분야에 대한 지식의 지평을 넓히는 데 도움이 되도록 했다.

〈지식인마을〉의 거리

플라톤가 플라톤, 공자, 뒤르켐, 프로이트 같이 모든 지식의 뿌리가 되는 대사상가들의 거리이다.

다윈가 고대 자연철학자들과 근대 생물학자들의 거리로, 모든 과학 사상이 시작된 곳이다.

촘스키가 촘스키, 베냐민, 하이데거, 푸코 등 현대사회를 살아가는 인간에 대한 새로운 시각을 제시한 지식인의 거리이다.

아인슈타인가 아인슈타인, 에디슨, 쿤, 포퍼 등 21세기를 과학의 세대로 만든 이들의 거리이다.

이 책의 구성은

〈지식인마을〉 시리즈의 각 권은 인류 지성사를 이끌었던 위대한 질문을 중심으로 서로 대립하거나 영향을 미친 두 명의 지식인이 주인공으로 등장한다. 그리고 다음과 같은 구성 아래 그들의 치열한 논쟁을 폭넓고 깊이 있게 다룸으로써 더 많은 지식의 네트워크를 보여주고 있다.

초대 각 권마다 등장하는 두 명이 주인공이 보내는 초대장. 두 지식인의 사상적 배경과 책의 핵심 논제가 제시된다.

만남 독자들을 더욱 깊은 지식의 세계로 이끌고 갈 만남의 장. 두 주인공의 사상과 업적이 어떻게 이루어졌으며, 그들이 진정 하고 싶었던 말은 무엇이었는지 알아본다.

대화 시공을 초월한 지식인들의 가상대화. 사마천과 노자, 장자가 직접 인터뷰를 하고 부르디외와 함께 시위 현장에 나가기도 하면서, 치열한 고민의 과정을 직접 들어본다.

이슈 과거 지식인의 문제의식은 곧 현재의 이슈. 과거의 지식이 현재의 문제를 해결하는 데 어떻게 적용될 수 있는지 살펴본다.

이 시리즈에서 저자들이 펼쳐놓은 지식의 지형도는 대략적일 뿐이다. 〈지식인마을〉에서 위대한 지식인들을 만나, 그들과 대화하고, 오늘의 이슈에 대해 토론하며 새로운 지식의 지형도를 그려나가기를 바란다.

지식인마을 책임기획 장대익
서울대학교 자유전공학부 교수

Contents 이 책의 내용

Chapter
3 대화

우주의 대변인들, 칼 세이건과 스티븐 호킹의 공동 인터뷰 · 160

Chapter
4 이슈

정상우주론이 대폭발 이론의 대안이 될까? · 182
과학의 대중 맞춤 서비스, 과학의 대중화 · 190

Chapter 1

초대

INVITATION

Carl Sagan

Stephen Hawking

영화가 그리는 우주
vs. 과학이 그리는 우주

여러분은 '우주'하면, 어떤 이미지가 떠오르는가? 어떤 사람들에게 우주는 낭만적인 동경의 장소일 수 있지만, 또 어떤 사람들에게는 미지로 가득 차 있는 두려운 세계일 수도 있다. 하지만 우리가 생각하는 우주의 모습은 영화나 TV를 통해 형성됐을 가능성이 크다. 그만큼 우주는 많은 영화에서 소재로 사용되었다. 영화에선 우주를 어떻게 묘사하고 있을까? 우주를 소재로 한 네 편의 영화를 통해 영화가 그리는 우주의 모습을 먼저 살펴보자.

첫 번째 영화 〈2001년 스페이스 오디세이〉

1부. 인류의 여명_300만 년 전, 인류의 조상이 아직 원숭이의 모습을 완전히 다 벗지 못하고 아프리카의 광야를 배회하면서 살고 있다. 그들은 아직 언어와 도구를 사용할 줄 모르며, 원숭이와 별반 다를 바 없이 하루하루 자연의 위험과 대면하면서 살아가고 있었다. 그러던 어느 날, 우주에서 비석이 하나 떨어졌다. 그 비석은 외계의 지적 생명체가 보내온 신호였다. 그 비석에서 나오는 에너지가 인류의 조상들에게 전달되는 순간, 그들은 문득 자신들의 약점을 보완하기 위해 도구를 사용할 수 있음을 깨닫게 되고, 역사적인 인류 문명의 첫발을 내딛게 된다.

2부. 2001년_ 시간은 흘러 2001년 어느 날, 달 기지의 과학자들은 달 표면의 티코 분화구*에서 강한 자기장이 방출되는 현상을 관측하게 된다. 그들이 그 분화구의 아랫부분을 파 들어가자, 300만 년 전에 누군가가 묻어놓았던 비석이 발견되었다. 과학자들이 이 비석에 접근하는 순간, 비석에서 강한 신호가 나오고, 그 신호는 목성을 향하게 된다.

3부. 그로부터 18개월 후_ 우주 탐사선 디스커버리 호는 목성 탐사를 위한 긴 여정에 오른다. 그 우주선의 총책임자는 인공지능 컴퓨터 HAL 9000. 하지만 HAL 9000이 실수를 저지르기 시작하자 우주선의 선장 데이비드와 다른 승무원들은 그의 기능을 정지시키려고 하고, HAL 9000도 선장과 승무원들을 죽이고자 한다.

🪐 **티코 분화구**

달의 남반구 고원 지대에 위치한 운석 구덩이. 16세기 덴마크의 천문학자 티코 브라헤(Tycho Brahe, 1546~1601)의 이름을 따서 붙여졌다. 지름이 약 85킬로미터, 높이는 약 4.8킬로미터 정도로 약 1억 년 전에 생성된 것으로 밝혀졌다. 보름일 때 달의 겉면에서 뚜렷하게 관찰된다.

4부. 목성 궤도_디스커버리 호의 선장 데이비드는 HAL 9000의 기능을 정지시키고, 마침내 목성 궤도에 접근한다. 그곳에서 그는 달 표면에서 발견되었던 것과 동일한 비석을 발견하게 된다. 그가 이 비석에 접근하자, 자신도 모르는 사이에 스타게이트를 통해 낯선 우주로 빨려 들어가게 된다. 그곳에서 데이비드가 보게 되는 것은 웅장하면서도 우아한 대저택의 내부다. 그곳에서 그는 진화의 다음 단계인 '스타 차일드'로 다시 태어나게 된다.

두 번째 영화, 〈이벤트 호라이즌〉

서기 2040년, 우주 탐사선 이벤트 호라이즌 호가 실종된다. 7년 뒤, 희미한 실종 신호를 확인한 미국 항공우주국National Aeronautics and Space Administration, NASA은 밀러를 팀장으로 하는 구조선 루이스 앤 클라크 호를 파견하고 여기에 이벤트 호라이즌 호를 만든 윌리엄 위어 박사를 동행시킨다. 해왕성 궤도에서 떠도는 이벤트 호라이즌 호를 발견한 대원들은 그 탐사선에 접근한다. 그런데 탐사선에 가까이 가면 갈수록 이상한 일들이 벌어지기 시작한다. 대원들은 이유를 알 수 없는 환영에 시달리게 되고, 서로를 죽이게 되는 비극까지 발생하게 된다. 대원들이 하나둘 희생되면서 다른 대원들은 지구로 복귀할 것을 주장하지만, 이미 우주에 대한 집착으로 이성을 잃은 위어 박사는 대원들의 주장을 거부하게 된다. 언제 죽을지 모르는 두려움에 사로잡힌 대원들은 위어 박사의 음모에 맞서 사투를 벌인다.

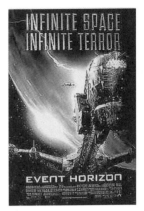

미지의 우주를 배경으로 한 영화
〈이벤트 호라이즌〉

위의 두 영화는 모두 미지의 우주를 배경으로 하고 있다. 끝없이 펼쳐진 우주, 그리고 그 우주를 바라보는 한없이 작은 인간, 이 극명한 대조가 두 영화에서 공통적으로 나타난다. 인간이 우주선을 개발하고 먼 여행을 통해 미지의 세계에 접근해보지만, 여전히 우주는 자신의 정체를 쉽사리 드러내지 않는다. 우리는 이러한 영화를 통해 우주의 광대함과 함께 인간의 한계를 다시 한 번 느끼게 된다.

하지만 이 두 영화가 우리에게 던져주는 우주에 대한 이미지는 정반대다. 첫 번째 영화 〈2001년 스페이스 오디세이^{2001A Space Odyssey}〉(1968)에서 나타나는 우주의 이미지는 신비로운 동경의 장소다. 300만 년 전 비석이 인류의 조상들 앞에 나타났을 때 그들은 흥분하며 비석 주위를 신기한 듯 돌아다닌다. 그로부터 300만 년 뒤, 목성 탐사선 디스커버리 호는 우주를 유영하고, 그때 영화의 배경에는 요한 슈트라우스 2세^{Johann Strauß, 1825~1899}의 〈아름답고 푸른 도나우^{An der schönen blauen Donau}〉(1867)가 흐른다. 이 음악과 함께 디스커버리 호는 우주라는 아름다운 강을 떠다

니는 한 마리 백조처럼 묘사된다. 영화 중간중간에 위험한 사건들이 발생하기도 하지만, 그런 것들을 무시할 수 있을 만큼 영화 전반을 흐르는 분위기는 신비롭고 낭만적이며, 우주와 그 우주를 하나하나 알아가는 인류의 위대한 성취에 대한 긍정적인 태도가 느껴진다.

하지만 두 번째 영화 〈이벤트 호라이즌 Event Horizon〉(1997)에서 우주는 인간에게 극도의 공포감을 주는 존재다. 동료들을 구하러 갔던 우주 대원들은 알지 못하는 어떤 힘이 자신들을 엄습하고 있음을 느낀다. 그리고 급기야 무시무시한 환영을 보게 되고, 그 스트레스를 극복하지 못해 서로를 죽이는 사태에 이른다. 이 영화 속에서 우주 공간은 잠시라도 머무르고 싶지 않은 곳이며, 기억 속에서 지워버리고 싶은 곳이다.

세 번째 영화, 〈터미네이터〉

세 번째 영화는 〈터미네이터 The Terminator〉(1984)다. 사실 〈터미네이터〉는 우주를 배경으로 한 영화는 아니다. 그 흔한 우주선조차 등장하지 않는다. 하지만 〈터미네이터〉는 이 책에서 다루게 될 중요한 주제 하나와 깊은 관련이 있는데, 그것은 바로 시간의 방향에 관한 것이다.

1997년 핵전쟁으로 인해 인류는 거의 멸종하고, 거기서 기적적으로 살아남은 사람들은 2029년에 기계들과 한바탕 전쟁을 치르게 된다. 오작동을 일으킨 컴퓨터들이 인간 소탕 작전을 벌인 것이다. 그때 컴퓨터를 조종하는 독재자가 기발한 아이디어를 생각해낸다. 저항군 지도자인 존 코너의 어머니를 과거에서 죽여 아예 존 코너의 탄생을 막자는 것이다. 그 결과 T-101이 존 코너의 어머니

시간 여행을 소재로 한 영화 〈터미네이터〉

를 죽이라는 임무를 부여받고 현재의 세계로 파견된다. 곧이어 미래의 존 코너도 자신의 어머니가 될 20세기의 여인을 구하기 위해 젊은 용사이자 자신의 아버지인 카일 리스를 현재로 보낸다. 카일 리스는 존 코너의 어머니를 터미네이터로부터 보호해주고, 그 과정에서 그녀와 사랑에 빠진다. 결국 그 사이에서 태어난 존 코너가 저항군의 지도자가 된다.

이 영화에서 나타나는 시간의 흐름을 생각해보자. 이 영화가 이와 관련해서 우리에게 보여주는 것은 두 가지다. 첫째, 이 영화는 미래에서 과거로 흐르는 시간을 보여준다. 우리가 일반적으로 경험하는 시간의 방향은 과거에서 미래로 흐르는 것이지만, 이 영화에서는 T-101과 카일 리스가 미래에서 과거로 이동하면서 영화가 시작된다. 둘째, 상식적으로 보자면 존 코너의 어머니가 존 코너를 낳게 되니까, 존 코너의 어머니가 '원인'이고,

존 코너는 '결과'에 해당한다. 그러나 이 영화에서는 미래의 존 코너가 카일 리스를 현재로 보내지 않았다면 존 코너는 태어날 수 없었을 것이다. 결국 미래의 존 코너가 이 모든 사건의 '원인'이 된다. 미래의 사건이 그보다 과거인 현재에 대한 원인으로 작용하는 신기한 일이 이 영화에서 벌어지고 있는 것이다.

영화 〈터미네이터〉의 시간에 대한 설정은 허무맹랑하게 보일 수 있으며, 영화에서나 가능한 일이라고 생각할 수도 있다. 하지만 많은 과학자들과 과학철학자들은 이런 일이 결코 허무맹랑한 것은 아니라고 말한다. 과학적으로 보아도 시간이 미래에서 현재로, 또는 현재에서 과거로 흐르는 일이 가능하다는 것이다. 현대 물리학이 밝혀낸 우주의 모습과, 그 우주를 관통해서 흐르는 시간의 방향은 허무맹랑해 보일 만큼 신비롭다.

물론 이러한 생각은 심각한 논리적 모순을 가지고 있다. 예를 들어 존 코너가 미래에서 현재로 보낸 인물인 카일 리스가 자신의 임무, 즉 존 코너의 어머니를 보호하는 임무를 성공적으로 수행하지 못했다면 어떻게 될까? 그래서 존 코너의 어머니가 T-101에 의해 죽게 된다면 존 코너는 태어나지 못했을 것이다. 하지만 엄연히 존 코너는 미래에 존재하고 있다. 현재의 원인이 제거되었는데도 미래에 그 결과인 존 코너가 존재한다는 것은 모순이다. 이런 모순을 해결할 방법은 없을까?

한 가지 방법이 있다. 미래에 존 코너가 존재한다는 사실은 카일 리스가 자신의 임무를 절대 실패하지 않을 것이라는 사실을 포함하고 있다고 생각하는 것이다. 카일 리스가 자신의 임무를 성공해야만 미래의 존 코너가 존재할 수 있기 때문이다. 그렇다면 카일 리스는 미래에서 현재로 파견되는 순간, 운명적으로 임무 완수를 보장받았다는 것이 된다. 영화에서 벌어지는 모든 현재의 일들은 결말을 미리 정해놓고 진행되는 일이 된다. 그렇다면 관람객들은 더 이상 손에 땀을 쥐면서 이 영화를 보지 않아도 될 것이다. 왜냐하면 카일 리스의 임무 완수는 이미 결정되어 있기 때문이다. 시간의 방향과 관련된 이야기는 이처럼 많은 논란거리를 내포하고 있다. 우리는 이 책에서 이런 논란과 관련된 과학자들과 철학자들의 이야기를 들어볼 것이다.

네 번째 영화, 〈콘택트〉

이 책의 주인공 중 한 명인 칼 세이건[Carl Edward Sagan, 1934~1996], 이 쓴 소설 《콘택트[Contact]》(1985)를 영화로 만든 〈콘택트〉(1997)는 외계의 지적 생명체를 찾는 한 여성 과학자의 이야기다. 주인공 엘리[Ellie]는 어릴 때부터 무선통신을 통해서 미지의 누군가와 대화하는 것을 좋아했다. 성인이 되어 천문학자가 된 그녀는 어릴 때의 꿈을 이루기 위해서 전파 망원경을 이용해 우주의 어딘가에 존재할지도 모르는 지적 생명체를 찾아 나선다. 각고의 노력 끝에 그녀는 베가성*에서 날아온 전파 신호음을 포착하게 되고, 암

호처럼 엉켜 있는 신호를 해독한 끝에 그 신호가 외계인의 우주 비행선 설계도에 대한 정보를 담고 있다는 사실을 알아내게 된다. 지구인의 기술 수준을 의심한 외계인이 직접 우주 비행선의 설계도를 보내준 것이다. 전 지구는 갑자기 흥분의 도가니에 빠져 든다. 외계인이 어떤 의도를 가지고 이 설계도를 보냈는가에 대해 거센 논란이 일어나지만, 결국 엘리는 이 우주 비행선을 완성한다. 그리고 드디어 그 비행선을 타고 외계인을 찾아간다. 거기서 엘리는 놀라운 경험을 하게 된다. 외계인이 엘리의 돌아가신 아버지 모습으로 나타난 것이다. 외계인이 엘리의 기억을 검색해서 그녀에게 남아 있는 가장 아름다운 기억이 아버지라는 것을 알아냈기 때문이다. 하지만 엘리가 다시 지구로 돌아왔을 때 더욱 놀라운 일이 일어난다. 지구에 남아서 엘리의 우주여행을 지켜보던 사람들은 엘리가 우주여행에 실패했다고 생각하고 있다는 사실이다. 그 이유는 엘리가 분명 웜홀 worm hole* 을 통해 외계인을 만나고 왔지만, 다른 시간 척도를 가지고 있던 지구인들은 엘리에게 아무 일도 일어나지 않은 것으로 보였기 때문이다.

🪐 **베가성**

거문고자리 알파별의 고유 명칭으로 우리나라에서는 직녀성이라고 부른다. 밤하늘에서 4번째로 밝은 별로 지름은 태양의 약 3배이며, 지구로부터 약 26광년 떨어져 있다.

🪐 **웜홀**

웜홀은 중력이 너무 커서 빛조차도 끌어들이기만 하는 천체인 블랙홀(입구)과, 외부 물질을 빨아들일 수 없고 오직 내뿜기만 하는 천체인 화이트홀(출구)을 연결하는 통로로, 우주의 시공간에 뚫린 구멍이다. 블랙홀의 존재를 보고 상대성 이론에 따라 추론해낸 것이 화이트홀인데, 화이트홀은 실제로 증명된 바가 없어 수학적으로만 가능한 존재다.

이 영화는 '과학적 마인드'를 가진 사람들이 외계인을 찾기 위해 무얼 해야 하는지 보여준다. 예를 들어 이 영화는 외계인과 교감하기 위해 산에 모여 외계인 숭배 제사를 지내는 비과학적인 방법을 거부한다. 엘리는 외계인과 교감하기 위해 거대한 전파 망원경을 이용했다. 실제로 미국에서 주도하고 있는 외계 지적 생명체 탐사 프로젝트^{Search for Extra-Terrestrial Intelligence, SETI}에서 사용하는 바로 그 망원경이다. 과학자들은 이러한 전파 망원경을 이용하는 것이, 외계인을 찾는 가장 현실적인 방법이라고 생각한다.

지금까지 우리는 영화가 그리는 우주의 모습에 대해서 살펴보았다. 그 안에는 아름다운 우주의 모습도 있지만 두려운 미지의 세계도 존재한다. 시간이 거꾸로 흐르는 세계도 존재하며, 외계인과의 교감도 존재한다. 이 모든 것들이 다 영화의 주제들이다. 하지만 이것은 단지 영화의 주제로 그치는 것은 아니며 과학의 주제이기도 하다.

과학자들은 오랜 시간 경험적으로 축적해온 과학적 지식을 바탕으로 우주를 바라보고, 그 우주를 그려낸다. 특히 20세기 들어서 발달한 양자역학과 상대성 이론은 과거에 우리가 알지 못했던 우주의 진면목을 보여준다. 양자역학은 우리 눈에 보이지도 않는 미세한 원자들의 세계를 설명해주는 이론으로, 20세기 초반에 보어^{Niels Bohr, 1885~1962}나 하이젠베르크^{Werner Heisenberg, 1901~1976}와 같은 많은 과학자들의 협동 작업으로 탄생했다. 반면 상대성이론은 우리가 상상할 수 없이 큰 규모의 시공간이나, 상상할 수 없이 빠른 속도로 움직이는 물체의 운동을 설명해주는 이론으로, 20세기 최고의 천재라고 불리는 아인슈타인^{Albert Einstein, 1879~1955}에 의해 만들어졌다. 19세기까지 상상과 원시적인 관측 결과로 뒤섞여 있던 우주 그림은 이 두 이론들을 통해 매우 정교하게 그려지고 세련되게 다듬어졌다.

그 결과 오늘날 우리는 우주가 한없이 낭만적이거나 두려운 공포의 대상이라고만 생각하지는 않게 되었다. 이제는 그 우주를 이해의 대상으로 여긴다. 우리는 별들이 반짝이는 이유에 대해 과학적으로 이해할 수 있게 되었고, 그 별들이 어떤 일생을 보내는지도 알게 되었다. 우리은하^{Milky Way Galaxy} 너머에 무엇이 존재하는지도 알게 되었으며, 우주가 어떻게 시작되었는지에 대해서도 나름대로의 대답을 가지고 있다. 심지어 우주에 외계인이 존재한다면, 우리가 그들을 어떻게 만날 수 있을지에 대해서도 여러 가지 생각들을 가지고 있기도 하다.

하지만 이렇게 그려진 우주의 그림이 완전한 것은 아니다. 아니, 어쩌면 대대적인 수정이 불가피할지도 모른다. 1,000년 뒤의 사람들은 우리가 그린 우주 그림을 보고 우스꽝스럽다고 생각할지도 모른다. 고대 이집트인들이 가지고 있었던 우주 그림이 오늘날 우리들에게 우스꽝스럽게 보이는 것과 마찬가지다. 그럼에도 불구하고 오늘날 우리가 그리는 우주 그림이 의미 있는 이유는, 바로 그 그림을 그리는 방식에 있다. 그 방식은 바로 '과학적' 방식이다. 우리는 이 '과학적' 방식을 통해 이전에는 맹목적인 믿음이나 주장의 대상일 뿐이었던 우주 그림을 객관적이고 토론 가능한 것으로 만들어놓았다. 아마 1,000년 뒤의 인간들이 그들 나름의 우주 그림을 갖게 되었을 때, 그 그림의 내용은 우리와 다를지 몰라도 그 그림을 그린 방식은 지금과 많이 다르지 않을 것이다. 오히려 그들은 우리들에게 배워 간 방식을 통해 나름대로의 그림을 그리고 있을지도 모른다. 바로 이런 이유로 현대 과학이 그려낸 우주 그림을 살펴보는 것이 의미 있는 것이다.

이 책에는 과학의 언어로 우주 그림을 그렸던 많은 사람들이 등장한다. 하지만 이 책에서는 특별히 두 명의 과학자가 강조된다. 바로 칼 세이건과 스티븐 호킹 Stephen William Hawking, 1942~이다. 이들은 많은 면에서 차이점이 있다. 세이건은 여러 우주 탐사에 적극적으로 참여했던 실천가이고, 호킹은 이론적 작업에 몰두하는 이론가다. 하지만 이런 차이점들을 무색하게 만드는 많은 공통점들이 있는데, 그중 가장 대표적인 것으로, 두 사람 모두 현대의 우주 그림을 일반인들에게 쉽게 설명하는 데 많은 관심을 가지고 있었다는 사실이다. 또 당대 최고의 과학자일 뿐 아니라 많은 책과 강연들을 통해 과학적 내용을 일반인들에게 쉽게 전달하기 위해 노력했다. 이른바 '과학의 대중화'에 앞장섰던 사람들이다.

과학의 대중화가 사회적으로 중요한 이슈가 되고 있는 요즘, 칼 세이건과 스티븐 호킹의 활동 및 그에 대한 철학을 들어보는 것은 매우 의미 있는 일이다.

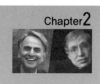

Chapter 2

Carl Sagan

만남

MEETING

Stephen Hawking

우주는
어떻게 시작되었을까?

우주의 기원에 대한 두 이론 대폭발 이론 vs. 정상우주론

누구나 이런 질문을 한번쯤 던져보았을 것이다. 사실 이 질문은 오랜 옛날부터 사람들의 호기심과 상상력을 자극했고, 많은 이들이 이에 대한 해답을 찾고자 부단히 노력해왔다. 고대 설화를 통해 우주의 시작에 대한 이야기를 듣기도 했으며, 여러 종교들로부터 해답을 얻으려고도 했다. 그렇다면 현대 과학은 이 질문에 어떻게 대답하고 있을까?

19세기 말까지 우주의 기원에 대한 연구는 철학적·신학적 논의의 수준을 크게 벗어나지 못했다. 그러나 20세기 초반에 우주의 기원에 대한 두 개의 과학 이론이 등장함으로써, 우주의 기원에 대한 논의는 새로운 국면으로 접어들게 된다. 하나는 대폭발 이론big bang theory이고, 다른 하나는 정상우주론steady-state cosmology이 다. 이 두 이론은 서로 경쟁하면서 발전해나가다가, 20세기 중반 을 지나면서 대폭발 이론이 정상우주론을 누르고 주류 과학 이 론으로 과학자들 사이에 정착하게 된다. 이제 이 두 이론의 탄생 에서부터 대폭발 이론이 주류 이론으로 받아들여지기까지의 과 정들을 살펴보도록 하자.

1915년에 아인슈타인이 발표한 일반상대성이론은 중력에 관 한 이론이었는데, 기존의 뉴턴Isaac Newton, 1642~1727의 이론을 대체하 는 더욱 정교하고 복잡한 중력 이론이었다. 하지만 일반상대성이 론 역시 뉴턴의 중력 이론과 마찬가지로 모든 것은 서로 끌어당 긴다는 사실을 인정하고 있었다. 따라서 일반상대성이론에 의하 면 우주에 존재하는 모든 천체들은 서로를 끌어당겨서 언젠가는 한 점으로 붕괴될 것이다. 그러나 아인슈타인은 우주가 붕괴될 것이라는 결론을 좋아하지 않았다.

우주는 영원히 변함없는 것이라고 생각했기 때문이다. 결국 그는 붕괴 되지 않는 우주 이론을 만들고자 했 고, 그 결과 자신의 일반상대성이론 안에 '우주상수cosmological constant*'라는 것을 도입해 우주가 붕괴되는 것을 피해보고자 했다. 결국 아인슈타인

🌏 우주상수

아인슈타인은 은하들 사이에는 끌어당기는 중력 이외에도 서로 미는 척력이 작용한다 고 주장하며 일반상대성이론 방정식에 상수 (Λ) 항을 넣는 것으로 우주 척력을 만들어 냈다. 이 상수를 우주상수라 하고 이 값이 커지면 중력에 비해 척력이 증가하므로 팽 창속도도 늘어난다.

은 변하는 우주가 아니라, 영원히 변하지 않는 우주에 관한 이론을 만들었던 것이다.

많은 과학자들이 아인슈타인의 일반상대성이론을 받아들이긴 했지만, 그렇다고 우주가 영원히 변하지 않는다는 생각까지 받아들인 것은 아니었다. 빌럼 더시터르[Willem de Sitter, 1872~1934], 알렉산드르 프리드만[Aleksander Friedmann, 1888~1925] 그리고 아서 에딩턴[Arthur Eddington, 1882~1944]과 같은 과학자들은 우주가 팽창한다는 이론을 만들었고, 그 이론을 더욱 정교하게 발전시켰다. 그러던 중 1927년 벨기에의 과학자 조르주 르메트르[Georges-Henri Lemaître, 1894~1966]는 우주가 팽창한다는 사실을 조금 다른 방식으로 생각했다. 그는 만약 우주가 팽창한다면 오늘의 우주보다는 어제의 우주가 더 작았을 것이고, 어제의 우주보다는 그저께 우주가 더 작았을 것이다. 이런 식으로 계속 과거로 거슬러 올라가면 어떻게 될까? 결국 모든 우주는 한 점으로 모일 수밖에 없을 것이다. 르메트르는 바로 이 한 점에서 우주가 시작되었을 것이라고 생각했다. 즉, 아인슈타인이 생각한 것처럼 영원히 변함없는 우주가 아니라 어느 날 갑자기 나타나서 계속 변해가는 우주의 모습을 생각한 것이다. 이것이 바로 최초의 대폭발 이론이었다.

르메트르는 이런 대폭발 이론을 매우 좋아했다. 왜냐하면 그는 과학자였을 뿐 아니라 가톨릭 신부이기도 했는데, 이 대폭발 이론이 성경에서 가르치는 천지창조의 모습처럼 여겨졌기 때문이다. 즉, 처음에는 우주가 존재하지 않다가 신이 어느 순간 우주를 창조했다는 성경의 가르침과 대폭발 이론은 매우 잘 조화되는 것처럼 보였다. 아인슈타인은 르메트르의 생각을 처음에는 받아들이지 않았지만, 에드윈 허블Edwin Hubble, 1889~1953* 이 우주가 팽창한다는 사실을 발견한 뒤로는 르메트르의 이론을 받아들일 수밖에 없었고, 그 결과 자신의 일반상대성이론에 우주상수를 도입하는 것을 포기했다고 한다.

하지만 모든 과학자들이 르메트르의 생각을 받아들인 것은 아니다. 특히 영국의 천문학자 프레드 호일Fred Hoyle, 1915~2001 은 르메트르와는 정반대의 이유에서 대폭발 이론을 좋아하지 않았다. 그는 신이 우주를 창조했다고 생각하지 않았고, 따라서 신의 천지창조를 보여주는 듯한 대폭발 이론 역시 좋아하지 않았다. 그는 신의 개념이 필요 없는 우주 이론을 만들고 싶었다. 그러기 위해서는 우주가 어느 순간 갑자기 시작되기보다는 영원히 변함없이 그대로 존재해야 했다. 그리고 마침내 그의 이론은 1948년에 '정상우주론'이라는 이름으로 등장하게 된다. 정상 우주론이란 우주는 항상 팽창하되 지속적으로 새로운 물질이 탄생해서 팽창에 의한 밀도의 감소를 보충하고,

---

에드윈 허블

미국의 천문학자(1889~1953). 1924년 윌슨 산 천문대에서 100인치 망원경으로 세페이드 변광성들을 발견하여 그 거리를 측정한 결과, 이 별들이 속한 성운이 우리은하 밖에 존재한다는 것을 밝힘으로써 외부은하의 존재를 처음으로 입증했다. 또한, 1929년 우리은하에서 멀리 떨어져 있는 은하일수록 더 빨리 멀어진다고 하는 허블법칙을 발표하여 우주가 끝없이 팽창한다는 것을 처음으로 밝혀냈다. 그의 업적을 기려 1990년 미국항공우주국이 주축이 되어 개발한 우주망원경의 이름을 허블망원경으로 부르고 있다.

그 결과 우주의 팽창에도 불구하고, 우주의 평균 밀도가 항상 일정하게 유지된다는 이론이다. 그리고 호일뿐 아니라 헤르만 본디[Hermann Bondi, 1919~2005]와 토머스 골드[Thomas Gold, 1920~2004] 같은 유명한 과학자들이 이 정상우주론을 지지하게 된다.

그들은 우주가 처음에 '갑자기' 시작되었다는 생각을 철학적으로 매우 불만족스럽게 여겼다. 그들은 우리가 우주를 제대로 이해하기 위해서는 우리 가까이에 있는 우주의 모습뿐 아니라 멀리 떨어져 있는 우주의 다른 지역들도 관찰해봐야 하기 때문이라고 말한다. 밤하늘의 어떤 별을 바라보고 있다고 상상해보자. 만약 그 별이 10광년 떨어진 거리에 위치한 별이라면, 우리는 별의 현재 모습을 보고 있는 것이 아니라 10년 전의 모습을 보고 있는 것이다. 우리에게 지금 도달한 이 빛은 10년 전에 그 별에서 나온 빛이기 때문이다. 따라서 우리가 멀리 떨어진 우주를 바라본다면, 우리는 우주의 현재 모습이 아니라 과거의 모습을 바라보고 있는 것이 된다. 즉 정상우주론자들은 우주를 제대로 이해하기 위해서는 우주의 과거 모습을 살펴보아야 한다고 주장한다.

한편, 과학자들은 과거의 우주로부터 온 정보를 해석해야 하는데, 이 정보를 해석하기 위해서는 물리 법칙을 이용해야 한다. 그런데 여기서 문제가 발생한다. 만약 우주의 과거 모습이 현재의 모습과 다르다면 물리 법칙 역시 현재의 물리 법칙과 과거의 물리 법칙이 다를 수 있다는 것이다. 만약 이것이 사실이라면, 과거로부터 온 정보를 해석하기 위해서 현재의 물리 법칙을 이용할 수는 없다. 결국 우주가 계속 변하고 있다면 물리 법칙 역시 변하고 있을 가능성이 있고, 그렇다면 우리가 우주의 과거에 대해서 알 수 있는 방법은 없어져버리게 된다. 따라서 대폭발 이론은 그 안에 모순을 내포하고 있다는 것이 정상우주론자들의 생각이다. 이들에 의하면, 물리 법칙들이 우주의 모든 지역에서 동일해야 할 뿐만 아니라, 모든 우주의 역사를 통해서도 동일해야 하는 것이다. 그렇다면 우주 역시 과거와 지금이 동일해야 한다. 즉, 영원히 변하지 않고 항상 동일한 모양을 하고 있는 우주여야 하는 것이다.

이러한 정상우주론은 당시 많은 과학자들의 지지를 받았다. 특히 호일은 정상우주론의 대가로서 최고의 인기를 누리고 있었다. 하지만 스티븐 호킹은 호일의 이론 속에 심각한 결함이 있다는 것과 그 결함을 수정하면 정상우주론은 틀린 이론이 될 수밖에 없음을 발견했다. 정상우주론은 새로운 물질이 연속해서 탄생한다는 사실을 가정하고 있는데 이는 물리학의 기본 법칙인 질량과 에너지 보전 법칙에 어긋난다는 것이다. 호킹은 이러한 사실을 1964년 한 과학자들 모임에서 발표했다. 그는 호일의 정상우주론과는 달리 우주는 팽창할 수밖에 없다는 것을 이론적으로 설명했고, 이 일로 인해 당시 대학원생이었던 호킹은 처음으로 과학자로서의 명성을 얻게 된다. 이는 대폭발 이론의 입장에서 정상우주론을 이론적으로 반박한 중요한 시도로 평가된다.

하지만 이러한 이론적 연구만으로는 대폭발 이론이 주류 과학으로 받아들여지기 어려웠다. 그러나 호킹의 연구와 비슷한 시기에 대폭발 이론을 증명할 만한 관측 결과들이 새로이 발표되면서, 많은 과학자들은 정상우주론이 틀렸으며 대폭발 이론이 우주의 탄생에 대한 올바른 이론이라는 생각을 가지게 되었다.

이 이론에 의하면, 우주는 약 140억 년 전에 대폭발에 의해서 만들어졌다. 물론 그전에는 아무것도 없었다. 아니, 좀 더 정확하게 표현해서 지금 우리가 관찰하는 우주는 없었다. 이렇게 이야기하면 어떤 독자들은 의문이 생길 것이다. 아니, 아무것도 없는데 어떻게 대폭발이 일어날 수 있는가? 폭발을 일으킬 그 무엇인가가 있어야 폭발이 일어나는 것이 아닌가? 이 질문에 대해서는 나중에 다시 한 번 이야기하도록 하고 우선은 현대 물리학과 천문학이 이야기해줄 수 있는 우주 최초의 사건은 대폭발이라는 사실만 기억하도록 하자.

이 대폭발은 우리가 상상할 수도 없을 만큼의 큰 폭발 사건이

🚀 대폭발 이론을 조롱하기 위해 만들어진 이름 '빅뱅'

우리말로 점잖게 대폭발 이론이라고 불리는 '빅뱅'은 영국인의 언어감각으로는 '뻥!' 이론에 가깝다. 정상우주론을 지지하던 호일은 대폭발 이론이 이 아름다운 우주를 설명할 만큼 우아하거나 품위 있어 보이지 않았다. 그래서 어느 라디오 프로그램에 출연해 우주가 어느 한순간에 생겨났다는 대폭발 이론을 조롱하는 의미로 빅뱅이라는 표현을 사용했는데 그 이후 이 이론의 정식 이름이 되었다. 호일 역시 자신이 만들어낸 빅뱅이라는 말이 사용되는 것을 매우 재미있어했다고 한다..

었다. 그 폭발의 잔해가 오늘날의 우주를 만들어냈으니, 그 폭발물 안에 지금의 우주가 다 들어 있었던 셈이다. 지금 우리가 관찰하는 우주에는 다양한 물질들이 존재하고, 그 물질들과는 별개로 에너지가 존재한다. 하지만 처음 대폭발이 일어날 당시에는 이 물질과 에너지가 별개로 존재하지 않고, 무질서하게 섞여 있었다. 냄비 속의 찌개 재료들처럼 물질과 에너지가 뒤엉켜 있었던 것이다. 그러다가 폭발이 일어난 후 처음 아주 짧은 순간 동안 우주는 엄청난 속도로 팽창하게 된다. 그리고 그 안에 존재하던 입자들과 에너지가 점점 분리되기 시작하고, 입자들의 덩어리로부터 현재 우리 우주에 존재하고 있는 별이나 은하들이 생겨나기 시작했다. 사실 은하와 같은 거대한 천체들이 극히 작은 초기 우주로부터 생겨났다는 사실은 믿기 어려울 수도 있다. 하지만 많은 천문학자들은 이것을 사실이라고 받아들이고 있다. 그렇다면 천문학자들은 어떤 이유로 대폭발 이론을 받아들이게 되는 걸까?

과학자들은 어떤 이론을 참된 것으로 받아들이기 위해서 그 이론을 입증해줄 수 있는 증거를 요구한다. 실제로 대폭발 이론이 사실이라는 것을 보여주는 증거들이 여러 가지가 있다. 여기서는 그중 가장 중요한 세 가지 증거들을 살펴보도록 하자.

대폭발의 첫 번째 증거는 우주가 지금 현재 팽창하고 있다는 사실이다. 우리가 밤하늘을 올려다보면, 우주 공간은 영원히 변하지 않을 것처럼 느껴지기도 한다. 별들은 항상 자신의 자리에서 반짝이고, 어두운 공간은 그대로 영원히 지속될 것만 같다. 하지만 우주는 정체되어 있는 공간도, 시간이 지나도 변함이 없는 영원한 공간도 아니다. 우주는 끊임없이 팽창하고 있는 것이다. 이러한 사실은 1929년 허블이 발견했다. 허블의 발견은 우주는 영원히 변하지 않을 거라는 오랜 믿음을 송두리째 뒤바꿔버렸다. 그는 모든 은하들이 지구로부터 멀어지고 있음을 관찰했다. 뿐만 아니라 은하와 은하 사이의 거리가 점점 멀어지고 있다는 것도 알게 되었다.

이렇게 천체가 우리 지구로부터 멀어지고 있다는 사실은 적색편이red shift 현상이라는 것으로부터 알 수 있다. 우리가 빛을 방출하는 별을 관찰한다고 생각해보자. 별은 일정한 가스 성분을 함유하고 있고, 그 가스 성분에 해당하는 색깔이 존재한다. 그런데 만약 그 별이 우리 쪽으로 가까워지거나 우리 쪽에서 멀어지면, 관찰할 수 있는 색깔은 그 별의 성분에 의해서 만들어지는 고유한 색깔이 아니라, 그 별의 운동에 의해 약간 변형된 색깔이다. 예를 들어 별이 우리 쪽으로 가까워지면, 별의 색깔은 푸른색 계통으로 변형되고(청색편이), 별이 우리 쪽에서 멀어지면, 별의 색

깔은 붉은색 계통으로 변형된다(적색편이). 허블이 알아낸 사실
은 실제로 우주에 존재하는 별들과 은하의 색깔들이 적색편이되
어 있다는 사실이었다. 그리고 그것은 천체들이 우리 지구로부
터 점점 멀어지고 있다는 사실을 암시해준다. 재미있는 것은, 그
러한 적색편이 현상이 우주의 특정한 방향에서만 관찰되는 것이
아니고, 모든 방향으로부터 다 관찰된다는 사실이다. 즉 모든 방
향의 천체들이 지구로부터 멀어지고 있는 것이다.

✈ 허블상수 : 은하는 얼마나 빨리 움직이는가?

우주의 나이가 실제로 얼마인지 알아내기 위해 천문학자들이 수십 년간 관심을 가져온
숫자 하나가 있다. 그 숫자는 바로 허블상수(Hubble constant)라고 부르는 것인데, 그것
은 우주가 현재 어떤 비율로 팽창하고 있는지를 알려주는 것이다.

허블상수의 역사는 1929년 허블이 우리가 살고 있는 이 우주가 팽창한다는 사실을 처음
알아냈을 때로 거슬러 올라간다. 이때 허블은 모든 외부은하들이 우리은하로부터 점점 멀
어지고 있다는 사실을 알아냈다. 게다가 더 멀리 있는 은하일수록, 더 빠른 속도로 우리
은하로부터 멀어지고 있다는 것을 알게 되었다. 이것이 바로 허블의 법칙(Hubble's law)
이다. 예를 들어, 두 은하가 있는데 그중 하나가 다른 하나보다 우리은하에서 두 배 멀리
떨어져 있다고 가정해보자. 그러면 우리은하로부터 두 배 멀리 떨어져 있는 은하가 다른
은하보다 두 배 빠른 속도로 멀어지고 있는 것처럼 보이는 것이다.

어떤 은하와의 거리와 그 은하가 우리로부터 멀어지는 속도(후퇴 속도)를 연결시켜주는
비례상수를 허블상수라고 한다. 다시 말해, 은하가 후퇴하는 속도는 허블상수에다 은하의
거리를 곱한 값이 된다. 따라서 허블상수는 우주가 팽창하는 비율을 알려주고, 그것으로부
터 우주의 나이를 유추할 수 있는 것이다. 오랜 연구 끝에 천문학자들은 허블상수가 70이
라는 값을 갖는다는 것을 알게 되었다. 이 숫자는 지구로부터 1억 광년 떨어져 있는 은하
는 1초에 2,100㎞의 속도로 멀어지고 있음을 말해준다.

결국 과학자들은 이 사실로부터 우주가 팽창하고 있다고 결론 짓는다. 그리고 지금 우주가 팽창하고 있다는 사실로부터 우주의 과거의 모습을 상상하기 시작했다. 지금 은하와 은하들이 서로 점점 멀어지고 있다면, 이전에는 그것들 사이의 거리가 훨씬 가까웠다고 생각할 수 있지 않을까? 그리고 시간을 계속 거슬러 올라가다 보면, 우주의 모든 물체들이 한 점(천문학자들은 이 점을 특이점^{singularity}이라고 부른다)으로 모이게 되지 않을까? 이 점보다 더 이전의 상황은 당분간 생각할 수 없으니, 우주가 이 점에서 시작되었다고 생각하는 것이 자연스럽고, 따라서 이 점이 대폭발을 일으켜 우주를 만들었다고 생각하는 것이 가능하게 된다. 즉, 이 특이점이 우주의 근원이라고 생각하는 것이다. 애당초 특이점은 아인슈타인이 일반상대성이론을 통해 예측한 것이었다. 하지만 아인슈타인은 이 특이점이 실제로 존재하는 물리적 실체일 거라는 것을 인정하지 않았고, 단순히 수학적인 표현일 것이라고 생각했다. 아인슈타인은 일반상대성이론을 제안할 당시 우주는 변하지 않는다고 믿고 있었기 때문에 대폭발의 근간이 되는 특이점의 개념을 받아들이지 못했던 것이다.

이러한 특이점이 물리적 실체로 존재할 수 있다는 것을 증명한 것은 바로 호킹이었다. 호킹은 1970년에 자신의 동료 로저 펜로즈$^{Roger\ Penrose,\ 1931\sim}$와 함께 '특이점 정리'라는 것을 발표했는데, 이것은 실제로 우주가 특이점에서 시작할 수 있음을 수학적으로 증명한 것이다. 호킹은 이 특이점 정리를 통해서 관측 결과뿐 아니라 이론적으로도 대폭발이 증명될 수 있음을 보여주었다. 그로부터 수십 년 뒤, 실제로 천문학자들은 망원경과 여러 장비들의 도움으로 140억 년 전 거대한 에너지가 분출되면서 엄청난 대폭발을 불러일으켰던, 상상할 수 없이 뜨겁고 밀도가 높은 장소들을 발견했다.

두 번째 증거는 우주배경복사cosmic microwave background radiation다. 1940년대 물리학자 조지 가모프George Gamow, 1904~1968는 만약 대폭발이 사실이라면 그 대폭발의 흔적들이 관측되어야 한다는 사실을 깨닫게 되었다. 그의 이론에 따르면, 대폭발은 매우 강한 복사를 만들어내게 되는데 이 복사는 우주 초기에는 엄청나게 뜨거웠겠지만 우주가 팽창함에 따라 점점 식어갔을 것이다. 그러나 이 복사가 완전히 사라지는 것은 아니므로 지금도 우주에 식어버린 복사가 존재해야 한다. 이 식어버린 복사를 관측할 수 있다면, 대폭발 이론의 중요한 증거가 되는 것이다. 그리고 그 식어버린 복사는 '실제로' 발견되었다. 그것도 아주 우연히!

그 발견은 1964년 벨 연구소Bell Laboratories의 아노 펜지어스Arno Penzias, 1933~와 로버트 윌슨Robert Wilson, 1936~에 의해 이루어졌다. 그들은 전파 수신기로 하늘을 탐사하다가 아주 약하고 일정하게 들리는 소리를 탐지하게 되었다. 처음에는 이 소리가 전파 수신기에서 나오는 잡음이라 생각하고 전파 수신기를 여러 대 바꿔가며 작업을 했다. 하지만 여전히 잡음 소리가 들리자 그것이 전파 수신기의 문제 때문은 아닐지도 모른다고 생각했다. 하지만 그때까지 그것이 우주배경복사에 의해 만들어지는 잡음이라는 것을 알지 못했던 그들은 그 잡음을 없애보기 위해서 전파 수신기 주위에 흩어져 있던 비둘기 똥까지 청소하는 철저함을 보이기도 했다. 결국 이런 모든 노력들이 무산되자, 그들은 자신들이 탐지한 잡음이 단순한 잡음이 아니라 우주에서 날아오는 신호일지도 모른다고 생각하게 되었고, 계속되는 연구를 통해서 결국 이것이 바로 대폭발에 의해 우주에 남겨진 복사가 만들어내는 소리라는 것을 알게 되었다. 그 복사는 일정한 세기를 가지고 우주 공간을 관통하는 초단파 복사다. 이 초단파 우주배경복사는 섭씨 영하 273.16도의 온도를 가지고 있는데, 이것은 대폭발 때 방출된 복사가 식어서 현재 가지게 된 온도로, 천문학자들이 예상한 것과 정확하게 일치한다. 이후 펜지어스와 윌슨은 우주배경복사를 발견한 공로로 1978년 노벨 물리학상을 공동수상했고, 대폭발 이론은 더욱 설득력을 가지게 되었다.

대폭발의 세 번째 중요한 증거는 우주에 존재하고 있는 헬륨 원소의 양이다. 천문학자들은 헬륨이 우주에 존재하고 있는 중입자^{baryon}들의 질량의 24%를 차지한다는 사실을 알게 되었다(나머지 76%의 대부분은 수소 형태로 존재하며, 기타 철, 탄소, 산소 등은 수소나 헬륨에 비해 아주 소량만이 존재한다). 천문학자들에게 잘 알려진, 헬륨이

중입자

비교적 질량이 큰 소립자로서 양자, 음자, 중성자와 그것들의 반입자를 통틀어 이르는 말. 3개의 쿼크로 이루어진 무거운 원자구성입자로 바리온이라고도 한다.

만들어지는 한 가지 중요한 과정은 별 내부의 수소 핵융합 반응이다. 즉, 별은 처음에는 우주에 흩어져 있던 수소 덩어리로 만들어지는데, 이 별이 일단 만들어지고 나면 그 내부는 아주 뜨거운 온도와 높은 압력을 갖게 된다. 이때 수소가 핵융합 반응을 일으켜 헬륨으로 변하게 되는 것이다. 그런데 이러한 과정을 통해서 만들어지는 헬륨의 양은 우주 전체에 존재하는 원소들의 3%에 지나지 않는다. 따라서 이러한 과정만으로는 우주에 존재하는 24%나 되는 헬륨의 양을 설명할 수가 없다. 하지만 대폭발 이론은 이 헬륨의 양이 왜 24%인지를 아주 잘 설명해준다.

대폭발 초기의 우주는 지극히 뜨거웠을 것이고, 압력 또한 상상할 수 없이 높았을 것이다. 이런 조건하에서는 수소가 핵융합 반응을 쉽게 일으켜서 많은 헬륨들이 만들어질 수 있었을 것이다. 따라서 천문학자들은 관측된 헬륨의 양이 24%라는 사실이 대폭발의 중요한 증거라고 생각하고 있다.

팽창하는 우주

대폭발 이론은 앞에서 본 것처럼 수많은 증거에 의해서 사실로 받아들여지고 있지만 우주의 모든 현상을 완벽하게 설명하고 있는 것은 아니며, 우리가 대폭발에 대해서 모든 것을 다 알고 있는 것도 아니다. 예를 들면 대폭발 이론은 폭발 그 자체가 어떤 이유로 일어났는지에 대해서는 아무런 이야기도 하지 못하고 있다. 그것은 단지 대폭발이 있었다고 전제하고, 그 이후에 일어난 일들에 대해서 설명하는 이론인 것이다.

대폭발 이론이 설명하지 못하는 또 다른 문제는, 멀리 떨어져 있는 우주의 서로 다른 부분들이 매우 비슷한 모양을 하고 있다는 사실이다. 우리가 우주의 구석구석을 관찰해보면, 어느 방향에서 관찰하든 상관없이, 비슷한 모양을 한 은하들의 모임과 별들을 관찰하게 된다. 어떻게 생각하면 별 이상할 것도 없는 것처럼 보일 수도 있겠지만, 달리 생각하면 이는 참 신기한 일이다. 아주 멀리 떨어져 있는 우주의 두 지역이 비슷한 모양을 하고 있다면, 그것은 우연히 그렇게 되었거나 아니면 서로 어떤 정보들을 주고받았을 것이기 때문이다. 하지만 그 정보를 주고받는 일이 우주에서는 쉽지 않다. 우주는 매우 넓어서 빛의 속도로 정보를 주고받아도 수억 년에서 수십억 년이 걸리기 때문이다. 그리고 만약 정보가 오가지 않았는데도 그들의 모양이 비슷하다면 이는 더욱 신기한 일이다. 오랫동안 가까이 모여서 살면서 서로 유전적으로 정보를 주고받는 한국 사람들끼리는 서로 닮은 구석이 많이 있을 수 있지만, 한국 사람과 멀리 떨어져 살아가면서 유전적으로 정보를 주고받는 일이 드문 아프리카의 어느 부족의 사람들과는 아무래도 닮은 부분이 많지 않을 것이다. 이처럼 멀리 떨어져 있는 두 개체는 그 떨어져 있는 거리가 멀수록 서로 다른 특성들이 많이 나타나야 자연스러울 것이고, 우주에 대해서도 이와 똑같은 생각을 해볼 수 있다. 예를 들어 같은 은하 안에 존재하는 천체들은 비슷한 특성들을 많이 가지고 있겠지만, 우주의 서로 반대쪽에 존재하는 천체들은 서로 다른 특성들을 많이 가지고 있어야 하지 않을까? 하지만 실제로 우주를 관측해보면, 멀리 떨어져 있는 천체들도 놀랄 만큼 비슷한 특성들을 많이 가지고 있다. 많은 천문학자들이 이러한 사실을 설명하기 위해 많은 이론들을 만들어냈지만, 그중 가장 널리 받아들여지는 이론은 1981년에 물리학자 앨런 구스Alan Guth, 1947~가 발표한 팽창 이론inflation theory이다.

팽창 이론의 핵심은 대폭발 직후 아주 짧은 시간 동안 우주가 엄청난 성장을 겪었고, 그 이후에 팽창 속도가 다소 느려졌다는 것이다. 즉 대폭발 직후 10~23초 동안에 우주가 급격히 팽창했는데, 그때 우주가 팽창한 비율이 그 이후 140억 년 동안 팽창한 비율보다 훨씬 크다는 것이다. 이처럼 급격한 팽창은 서로 인접해 있던 우주의 각 부분들을 아주 먼 우주의 다른 부분으로 분리시켜버렸다. 그 결과 우리가 망원경으로 우주의 어느 부분을 쳐다보더라도 비슷비슷하게 보이게 된 것이다. 그것들은 서로 멀리 떨어져 있지만, 사실은 아주 가까이에 있던 부분들이었기 때문이다. 다시 사람의 비유를 든다면, 함께 이웃에 살던 한국인이 아프리카로 이주해 가서 살고 있는 것과 비슷한 양상이다. 비록 사는 곳은 한국과 아프리카로 떨어져 있지만, 그 이웃은 나와 무척이나 비슷한 특징을 많이 가지고 있을 것이다. 이주하기 얼마

전까지도 같은 장소에서 많은 정보를 공유하며 같이 살았기 때문이다.

이러한 팽창 이론은 또 다른 재미있는 생각거리를 만들어냈다. 우주의 팽창은 우주의 아주 작은 부분들을 천문학자들이 관측할 수도 없을 만큼 멀리 떨어진 공간으로 분리시켜버렸다. 그래서 우주의 팽창을 연구하는 많은 천문학자들은 이 팽창이 만들어낸 우주가 너무나 커서, 우주의 어떤 부분은 우리가 도달할 수도 없고 심지어 관측할 수조차 없을지도 모른다고 생각한다. 그렇다면 우리가 관측할 수 있는 우주 외에, 우리의 눈길이 전혀 미치지 못하는 다른 우주가 존재한다고 생각할 수도 있지 않을까? 우리가 관측할 수 없고 도달할 수 없는 우주라면, 그 우주는 우리가 속해 있는 우주와 구분되는 또 다른 우주일지도 모른다. 그렇다면 우리의 상식과는 달리, 단 하나의 우주 single universe 만 존재하는 것이 아니라, 우주들의 집합체, 즉 여러 개의 우주 multiverse 가 존재할지도 모른다. 이것은 공상과학 같은 이야기지만 어떤 천문학자들은 이러한 가능성을 진지하게 탐구하고 있다. 이것이 사실이든 아니든 우주는 우리가 이해하기에 너무 큰 존재임에는 틀림없다.

이제 남은 문제는 이 급격한 팽창이 어떻게 일어났는지를 설명하는 것이다. 가장 자연스러운 설명은 우주가 처음 대폭발에 의해 만들어지고 난 뒤 팽창을 일으킬 만한 강한 에너지가 우주에 주어졌다는 것이다. 하지만 이 에너지는 어디로부터 온 것일까? 지금으로서는 그것이 무에서부터, 즉 진공으로부터 나왔다고 말할 수밖에 없다. 진공이란 아무것도 없는 텅 빈 공간이라고 생각하기 쉽다. 하지만 양자역학에 의하면 진공은 텅 빈 공간이 아니다. 그곳에서는 입자들과 반입자들이 소용돌이치면서 생성과 소멸을 거듭하고 있다. 특히 입자와 반입자가 만나서 융합되면 그 융합체는 소멸하게 되는데, 그 융합체의 소멸과 함께 엄청난 에너지가 발생한다. 천문학자들은 대폭발 당시 진공에서 생성된 이러한 에너지가 팽창을 위한 에너지로 공급되었다고 생각하고 있다.

진공은 또 다른 신기한 특성을 가지고 있는데, 그것은 '밀어내는 중력repulsive gravity'을 만들어낸다는 것이다. 우리가 잘 알고 있는 뉴턴의 '운동의 제2법칙'에 의하면, 질량을 가지고 있는 두 물체 사이에는 중력이 작용하는데 이때 작용하는 중력은 서로 끌어당기는 중력이다. 그런데 진공은 이렇게 끌어당기는 중력과는 다

🪐 **뉴턴의 '운동의 제2법칙'**

보통 가속도의 법칙이라고 부르며 힘이 물체에 가하는 변화를 양적으로 설명한다. 가속도 (a)는 힘(F)에 비례하고 물체의 질량(m)에 반비례한다고 공식화되며 a＝F/m 또는 F＝ma라고 표현한다. 공기의 저항을 제외하고 물체에 작용하는 힘이 중력뿐인 상태를 자유낙하라고 하는데, 이때 떨어지는 물체는 지구와의 중력 때문에 지구 쪽으로 가속된다. 이런 상태의 물체에 작용하는 힘은 아래쪽으로 향하는 물체의 무게뿐이며, 물체는 중력가속도와 같은 크기의 가속도로 떨어지게 된다.

른 밀어내는 중력을 만들어낸다. 이 밀어내는 중력은 상대 물체를 더 멀리 밀어버린다. 천문학자들은 대폭발 당시 진공에서 발생한 밀어내는 중력이 우주 초기의 급격한 팽창을 일으켰다고 생각한다.

개미 한 마리가 앉아 있는 조그마한 풍선에 바람을 불어넣는 것을 상상하면 팽창하는 우주의 모습을 쉽게 상상할 수 있다. 개미는 풍선의 한 지점에 가만히 서 있다. 개미는 처음에는 풍선의 표면이 둥글다고 느끼다가 풍선이 커짐에 따라 표면이 점점 편평해진다고 느끼게 될 것이다. 똑같은 일이 우주에서도 일어난다. 팽창의 과정을 통해서 우주가 점점 편평해진다는 사실이다. 즉 순간적으로 일어난 급속한 팽창으로 인해 우주의 곡면이 끌어당겨져서 편평해지게 되었다는 것이다.

우주가 편평해지기 위해서는 우주가 특정한 밀도를 가지고 있어야 하는데, 그것을 임계밀도 critical density *라고 부른다. 우주의 밀도가 임계밀도보다 더 크면, 팽창으로 지속하려는 힘보다 중력의 끌어당기는 힘이 더 커져서 결국 우주는 더 이상 팽창하지 못하고 수축하게 될 것이다. 천문학자들은 이것을 대폭발과 반대되는 현상으로서 대수축 big crunch 이라고 부른다.

대수축이 일어날 수 있는 우주는 유한한 부피를 가진 공과 같은 모양

🪐 임계밀도

어떠한 물리 현상이나 물질의 성질에 변화가 생기거나 그 성질을 지속시킬 수 있는 경계가 되는 상태를 임계상태라고 하는데, 그러한 상태에 있는 물질의 밀도를 임계밀도라고 한다.

을 하고 있는데, 이런 우주를 '닫힌 우주'라고 부른다. 만약 이러한 닫힌 우주에서 우주선이 우주의 표면을 따라 여행을 한다면 결국 제자리로 돌아오게 될 것이다. 이것은 마치 지구의 표면을 여행하는 여행자가 계속 일직선으로 움직이면 다시 자신의 원래 위치로 돌아오는 것과 같은 이치다.

만약 우주의 밀도가 임계밀도보다 작다면 어떻게 될까? 이 경우에는 중력의 끌어당기는 힘이 팽창을 지속하려는 힘보다 클수 없어서, 우주는 영원히 팽창하게 될 것이다. 이런 우주는 공이나 풍선 모양을 하고 있는 닫힌 우주와 다르게 말 안장 같은 모양을 하고 있다. 이러한 우주를 '열린 우주'라고 한다. 열린 우주에서는 닫힌 우주에서와는 달리 한번 우주여행을 떠난 우주선은 직선 운동으로 우주를 비행하는 한 다시 제자리로 돌아오지 못하고 무한한 우주로 영원히 나아가게 될 것이다.

그런데 팽창 이론에 의하면 우주는 편평한 모양을 하고 있어

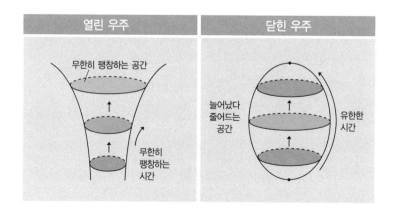

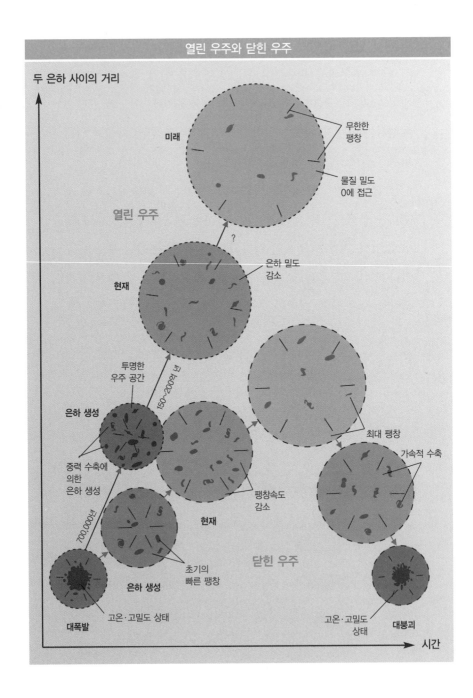

두 은하 사이의 거리

미래

무한한
팽창

물질 밀도
0에 접근

열린 우주

현재

은하 밀도
감소

?

투명한
우주 공간

150~200억 년

은하 생성

중력 수축에
의한
은하 생성

700,000년

현재

팽창속도
감소

초기의
빠른 팽창

은하 생성

고온·고밀도 상태

대폭발

최대 팽창

가속적 수축

닫힌 우주

고온·고밀도
상태

대붕괴

시간

야 한다. 즉, 우주의 밀도가 정확하게 임계밀도여야 하고, 따라서 팽창 이론이 제시하는 우주의 모습은 열린 우주도 닫힌 우주도 아닌, 편평한 우주다. 편평한 우주에서는 우주 안에 있는 물질들이 서로 팽창하려는 힘과 중력 효과로 서로 끌어당기는 힘이 절묘하게 균형을 유지하고 있어야 한다. 그리고 균형이 유지되기 위해서는 우주에 존재하는 물질들의 양이 아주 절묘하게 조절되어서 그보다 더 많지도, 더 적지도 않아야 한다. 하지만 여러 가지 관측 결과들을 종합해볼 때, 우주는 임계밀도를 가질 수 있을 만큼 충분히 많은 물질들을 포함하고 있지 않다는 사실이 밝혀졌다.

그렇다면 팽창 이론이 틀린 것일까? 어떤 학자들은 그렇다고 말하고, 어떤 학자들은 그렇지 않다고 말한다. 팽창 이론이 틀리지 않다고 말하는 학자들은 이 문제를 해결하기 위해서 우리가 관찰할 수 있는 물질 이외에 중력에 영향을 주는 요소를 찾기 위해 노력했다. 만약 우주가 편평하다면, 우주가 임계밀도를 가질 수 있도록 하기 위해서 물질 이외의 다른 요소를 고려할 수밖에 없기 때문이다. 천문학자들은 우주에 흩어져 있는 에너지에서 그 해답을 찾고 있다. 하지만 이 에너지는 우리가 이미 잘 알고 있는 일반적인 에너지와는 성격이 다른 '암흑 에너지dark energy'다. 암흑 에너지는 놀라운 특성을 가지고 있는데, 그것은 앞에서 언급한 '밀어내는 중력'을 작용시킨다는 것이다. 하지만 과학자들은 암흑 에너지가 무엇인지에 대해서 이 이상 잘 알지 못한다.

따라서 현재로서는 암흑 에너지에 대한 다른 자세한 설명을 하는 것은 불가능하고, 단지 관측된 바에 따라서 그것을 '밀어내는 힘'으로 정의한다.

대폭발과 팽창 이후에 작용한 일반적인 중력, 즉 끌어당기는 중력은 우주의 팽창 속도를 늦춰주었다. 하지만 우주가 점점 커져서 물질들이 우주의 구석구석으로 흩어져감에 따라, 중력의 팽창 속도를 늦추는 효과는 점점 더 약해졌다. 그 얼마 후(아마도 수십억 년 뒤), 암흑 에너지의 밀어내는 힘이 주도권을 이어받아서 우주를 이전보다 더욱 빨리 팽창하게 만들었다. 이러한 현상은 다양한 관측에 의해서 실제로 확인되었다.

대폭발의 흔적, 우주배경복사

앞에서 언급했듯이, 우주배경복사는 대폭발 이후에 남겨진 복사가 식은 채로 공간에 남아 있는 것이다. 이 우주배경복사로부터 우주에 대한 여러 가지 정보를 얻을 수 있다. 예를 들어 우주배경복사는 우주의 나이가 40만 년 정도 되었을 때의 상태를 잘 보여준다. 즉 대폭발 이후 40만 년이 지났을 때 우주의 모습이 어떠했는지를 우주배경복사를 통해서 알 수 있는 것이다. 그 이전에는 전자electron들이 갓 태어난 우주의 많은 부분을 채우고 있었기 때문에 대폭발을 통해 생성된 복사들이 공간을 제대로 흘러다닐 수 없었다. 왜냐하면 음전하를 띠는 전자들이 복사를 반복해서 흡수하기도 하고 산란시키기도 했기 때문이다.

그러나 40만 년 정도가 지났을 때, 우주는 상당히 많이 식어서 전자들이 원자핵과 결합할 수 있게 되었고, 그 결과 전자가 복사를 흡수하거나 산란시키는 일도 거의 없어지게 되었다. 따라서 이때부터 복사가 자유롭게 우주 공간을 움직일 수 있게 된 것이다. 오늘날 우리가 관찰하는 초단파 복사나 원적외선은 바로 우주의 나이가 40만 살이었을 때의 모습을 잘 보여준다.

1960년대 펜지어스와 윌슨이 처음 우주배경복사를 탐지했을 때, 그것은 하늘의 모든 방향에 걸쳐서 거의 완벽하게 일정한 온도를 가지고 있는 것처럼 보였다. 이것은 하늘의 어떤 영역도 다른 곳보다 더 뜨겁거나 더 차갑지 않았다는 것을 암시한다. 그런데 이것은 과학자들이 받아들일 수 없는 사실이었다. 대폭발 당시에 온도의 차이가 없이 모든 물질들과 에너지들이 균일하게 섞여 있었다면 지금의 별이나 은하들을 만들어지지 못했을 것이기 때문이다. 처음에는 물질과 복사의 부드러운 덩어리였던 우주가 점점 은하들과 별들, 행성들의 집합체로 진화되어갔다는 사실은 대폭발 당시 온도 차가 있어야만 설명할 수 있다.

대폭발 이론에 의하면, 초기의 우주는 완벽하게 부드럽지는 않았다. 쌀죽을 끓였을 때 그 안에 쌀이 덩어리진 부분이 생기는 것처럼, 우주 역시 밀도가 약간 높은 지역과 밀도가 약간 낮은 지역이 존재했다. 밀도가 약간 높은 지역에는 다른 지역보다 더

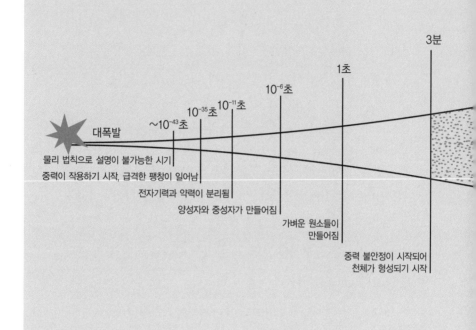

많은 원자들이 존재했고, 밀도가 약간 낮은 지역에는 다른 지역 보다 원자가 더 적었다. 이렇게 밀도가 높거나 낮은 지역들은 물 질들이 점점 서로 모여들어서 은하를 형성하게 되는 단초를 제 공해준다. 따라서 과학자들은 우주배경복사를 통해서 지역별로 온도 차, 밀도 차가 있는 사실을 확인할 수 있어야만 했다.

1992년, NASA의 인공위성인 '우주배경복사 탐사선Cosmic Background Explorer, COBE'이 실제로 우주배경복사의 뜨거운 지역과 차가운 지

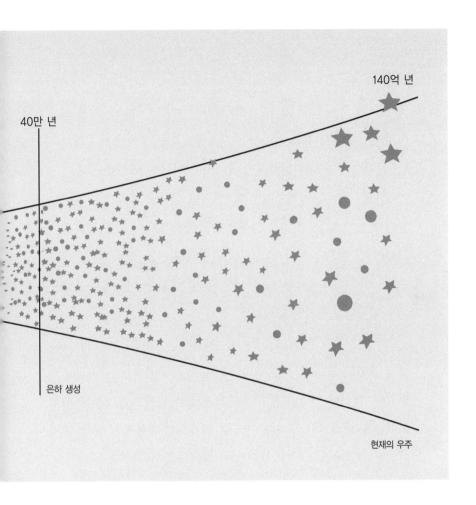

역들을 탐지하는 데 성공해 배경복사 내에 온도 차이가 존재함을 증명했다. 그 차이는 극히 미미해서 평균 온도와의 편차가 1,000분의 1도 정도밖에 나지 않아, 아무리 예민한 사람이라도 느낄 수 없는 온도 차다. 하지만 이러한 작은 온도 차라도 천체들의 성장을 설명하는 데는 충분한 증거가 된다.

이제 앞부분에서 잠깐 언급했던 대폭발의 원인에 대해 얘기해보자. 독자들은 우리의 일상생활 속에서 일어나는 모든 일은 원인이 있다는 사실을 인정할 것이다. 아무런 원인도 없이 어떤 일이 일어날 수는 없는 것이다. 과학에서도 마찬가지다. 어떤 물리적 현상이 발생하면, 과학자들은 그 현상의 원인을 찾아내려고 애쓴다. 그리고 그 원인을 알게 되면 우리는 그 현상에 대해서 많이 이해했다고 생각하게 된다.

공룡의 멸종에 대해서 한번 생각해보자. 중생대 오랜 시기에 걸쳐 살았던 수많은 공룡의 화석들이 지구 곳곳에서 많이 발견되었다. 그러나 백악기 말기의 어느 순간을 기점으로 그 이후의 화석들은 발견되지 않는다. 지구를 지배했던 공룡들이 어느 날 자취를 감춰버린 것이다. 무슨 일이 일어난 걸까?

과학자들은 당연히 공룡들을 단기간에 멸종시킨 어떤 이유가 존재한다고 믿었다. 그리고 그 이유를 찾아내기 위해 많은 노력을 해왔다. 최근에는 공룡이 멸종한 이유가 거대한 운석이 지구에 충돌했기 때문이라고 보는 이론이 가장 많이 받아들여지고 있다. 운석이 지구와 충돌하면서 일차적으로 거대한 열과 폭풍을 일으켜서 많은 공룡들이 죽고 그 충돌의 여파로 생긴 거대한 먼지 덩어리가 햇빛을 차단해서 많은 식물들이 죽게 되었다. 그러자 식물을 먹고 살던 초식공룡이 살기 어렵게 되고, 초식공룡이 살기 어렵게 되자 그 초식공룡을 잡아먹던 육식공룡도 살기 어렵게 되었다. 햇빛이 차단되면서 설상가상으로 지구의 온도까지 내려가 지구의 전 지역에 빙하기가 찾아왔다. 이런 악조건 속에서 공룡들은 더 이상 생존할 수가 없었던 것이다.

이러한 운석충돌설은 공룡 멸종에 대한 원인을 제시하게 되고, 이 가설이 널리 받아들여지면서 사람들은 공룡 멸망에 대해 잘 이해하게 되었다고 생각한다.

이제 다시 대폭발 이야기로 돌아가보자. 공룡 멸종의 예처럼, 대폭발의 경우에도 원인을 알 수 있다면 그 현상에 대해서 더 잘 이해할 수 있지 않을까? 그런데 대폭발의 경우, 공룡 멸종의 예에서는 볼 수 없는 어려운 문제가 한 가지 있다. 대폭발은 그 정의상 원인이 있을 수 없다는 것이다. 대폭발은 우주의 첫 사건으로 정의된다. 그렇다면 대폭발 이전에 존재했던, 대폭발의 원인이 되는 사건이 있을 수 없는 것이다. 만약 그런 사건이 존재한다면, 대폭발이 아니라 대폭발의 원인이 되는 사건이 우주의 시작이 되어야 할 테니까 말이다.

물론 이런 생각은 어떤 사건의 원인이 결과보다 시간적으로 먼저 일어난다는 사실을 가정한다. 하지만 어떤 사람들은 꼭 원인이 결과보다 먼저 존재해야 한다고 생각하지 않는다. 예를 들면 결과에 해당하는 사건이 먼저 존재하고, 그 이후에 원인에 해당하는 사건이 존재할 수도 있다는 것이다. 만약 이 말이 사실이라면, 과학자들이 대폭발의 원인에 해당하는 사건을 찾는 것이 불가능하지만은 않을 수도 있을 것이다. 이것은 시간의 방향에 대한 더 깊은 생각을 요구하는 문제다. 뒤에서 우리는 이 시간의 방향에 대해서 다시 한 번 이야기할 것이다.

최근에 호킹은 이 대폭발의 원인과 관련해 아주 새로운 가설을 하나 제안했다. '무경계 가설no-boundary proposal'이라고 불리는 것인데, 이 가설에 의하면 우주의 첫 시작점에 대해서 물어보는 물음 자체가 잘못된 것이고, 따라서 우주 시작 이전의 시간에 대해서 생각할 필요가 없어지게 된다는 것이다. 이제 호킹의 그 무경계 가설에 대해서 간략하게 살펴보자.

1983년, 호킹과 제임스 하틀James Hartle, 1939~ 은 '파동함수로서의 우주 이론'을 발표했다. 이 이론의 핵심은 '우주에는 경계가 없다'는 것이다. '우주는 경계가 없다'는 말은 무엇을 의미하는 것일까? 이를 이해하기 위해 우리 지구를 생각해보자. 지구의 표면은 공 모양이기 때문에 특별한 경계가 없다. 따라서 "지구는 둥그니까 자꾸 걸어나가면 온 세상 어린이를 다 만나고 오겠네"라는 동요의 가사처럼, 만약 우리가 지구의 표면을 따라 계속 여행한다면 어느 막다른 지점에 도달하는 것이 아니라 원래 출발했던 자리로 되돌아오게 될 것이다.

이것을 다른 방식으로 생각해보자. 사람들은 북극과 남극을 지구의 가장 끝부분이라고 생각하는 경향이 있다. 하지만 지구가 둥글다는 단순한 사실을 떠올리면 북극과 남극이 끝이 아니라는 사실을 쉽게 알 수 있다. 예를 들어 어떤 사람이 계속해서

북쪽으로 가다보면 북극에서 지구의 막다른 끝을 만나는 것이
아니라, 거기서 계속 앞으로 나아갈 수 있다. 물론 북극을 지나
서 계속 나아가면 그 사람은 어느새 북쪽이 아니라 남쪽으로 가
고 있게 될 것이다.

호킹과 하틀의 이론에 의하면 이와 같은 현상이 우주에도 적
용된다. 만약 우리가 타임머신을 만들었다고 생각해보자. 이 타
임머신을 타고 과거를 향해 계속 날아가다 보면 우리는 대폭발
의 순간을 만나게 될 것이다. 하지만 그 다음은? 우주가 시작하
던 순간 이전으로 계속 날아갈 수 있을까? 호킹과 하틀에 의하
면 그것은 불가능하다. 왜냐하면 북극이 지구의 막다른 경계가
아닌 것처럼, 대폭발의 순간이 우주의 막다른 경계가 아니기 때
문이다. 달리 말해서, 북쪽으로 여행하던 사람이 북극을 지나서
계속 여행하면 어느새 남쪽으로 향하고 있는 것과 같이, 우주의
과거를 향해서 계속 여행하던 타임머신은 어느 순간 우주의 미
래를 향해 날아가게 된다는 것이다.

이런 일이 일어나는 이유는 우주의 시공간에는 경계가 없기
때문이다. 지구가 공 모양으로 둥글기 때문에 경계가 없는 것과
마찬가지로, 우주 역시 경계가 없기 때문에 시공간이 둥글게 존
재해야 하는데, 이것은 우주 그 자체가 다른 것에 의존하지 않고
독립적으로 존재한다는 뜻이고, 따라서 대폭발 역시 다른 외부
의 도움 없이 독립적으로 일어났다는 뜻이다. 즉 이 이론에 의하
면, 우리는 더 이상 대폭발의 원인에 대해서 고민할 필요가 없

다. 왜냐하면 외부로부터 주어지는 원인을 가정하지 않고서도 대폭발 현상이 일어난 이유를 설명할 수 있기 때문이다.

물론 이 이론이 그럴듯한 것인지에 대해서는 앞으로 더욱 연구가 많이 되어야 하겠지만, 이 이론이 대폭발 이론의 중요한 문제점 중 하나, 즉 대폭발의 원인과 관련된 문제를 해결했다는 점에서 매우 의미 있는 이론이라고 할 수 있다.

호킹, 우주를 해석하다!

　스티븐 호킹은 뉴턴이 탄생한 해이면서 갈릴레오$^{Galileo\ Galilei,\ 1564\sim1642}$가 사망한 해인 1642년으로부터 정확하게 300년 뒤인 1942년 영국 옥스퍼드에서 출생했다. 그는 옥스퍼드 대학과 캠브리지 대학원에서 수학과 물리학을 공부했고, 그곳에서 천체물리학으로 박사학위를 받았다. 그는 몸 전체의 근육이 서서히 굳어 들어가는 루게릭병으로 1~2년 정도밖에 더 살지 못한다는 이야기를 들었지만 여전히 연구와 집필 활동을 하고 있다.

　많은 사람들은 호킹을 뉴턴과 아인슈타인의 계보를 잇는 천재 물리학자로 인정하는 데 주저하지 않는다. 그는 현대 물리학의 최고 목표인 통일 이론(양자역학과 상대성이론을 한꺼번에 아우르는 이론)에 가장 가까이 다가간 과학자일 뿐만 아니라 우주의 생성과 관련된 문제에 있어서 세계 최고의 권위자로 평가받고 있다.

　호킹은 펜로즈와 함께 일반상대성이론을 사용해 대폭발이 특이점에서 시작되었다는 사실을 입증했다. 아인슈타인의 방정식에 의하면 우주는 140억 년 전 밀도가 무한한 특이점에서 생겨났다는 이론이 나옴에도 불구하고 정작 아인슈타인 본인은 대폭발 이론이 수학적 방정식의 결함으로 나온 것일 뿐이지 실제로 우주가 대폭발로 인해 생겨났다는 것은 터무니없는 이론이라고 생각했다. 하지만 호킹은 이 이론이 사실일 수 있다고 생각했다. 이 시기에 수학자로 명성을 날리던 펜로즈는 별이 붕괴해 블랙홀이 생길 때 특이점이 존재한다는 사실을 분명하게 증명했다. 호킹은 우주의 발생을 설명하기 위해 펜로즈의 결과를 응용하여 결국 우주가 처음 시작되었을 때 반드시 특이점이 존재했을 것임을 입증해냈다. 이 사실은 오늘날 일반적으로 받아들여지고 있으며 우주의 기원에 관한 끝없는 논쟁에서 대폭발 이론이 우위를 차지하도록 하는 중대한 증거가 되었다.

하지만 이 특이점은 상상할 수 없을 정도의 고온 및 초고밀도의 상태에 있어야 했는데, 아인슈타인의 일반상대성이론으로는 물질이 저런 초고밀도와 고온으로 압축되어 있는 곳의 시간과 공간을 설명할 수 없었다. 우주가 생겨나기 전 원시적인 초고밀도의 상태가 있었을 것이라는 원시원자 개념이 등장한 것은 1930년대지만 아무도 이 이론을 심각하게 받아들이지 않았고 그저 수학게임 정도로만 여겼다. 여기에 호킹은 양자론을 적용해 무경계 가설이라는 초기 우주모형을 내놓는다.

20세기 물리학을 떠받치는 두 기둥은 양자역학과 상대성이론이었지만 누구도 이 두 이론을 조화시키지는 못했다. 이 모형에서 호킹은 블랙홀도 복사 에너지를 방출하고 있다는 '호킹복사' 이론을 세우게 된다. 매우 큰 중력으로 세상에서 가장 빠르다는 빛조차도 흡수해 검은 구멍처럼 보이는 블랙홀은 무한히 빨아들이기만 하는 게 아니라 복사가 나오기도 하고 증발하기도 한다는 것이다. (+) 에너지의 입자와 (−) 에너지의 반입자로 이루어진 가상입자쌍 중 입자는 블랙홀 밖으로 탈출하여 살아남게 되고 반입자는 블랙홀 속으로 들어가 소멸된다. 이때 반입자는 자신의 질량만큼 블랙홀의 질량을 소멸시키게 되는데 이것이 블랙홀의 증발이다. 바깥에서 보면 블랙홀 내부에서 입자가 방출되는 것으로 보이지만 실은 가상입자쌍 중 입자가 탈출하면서 생기는 것으로 이것이 바로 호킹복사 이론이다. 또한 진공 속의 양자파동 때문에 초기 우주에 밀도의 변이가 생겨난다고 예측한다. 에르빈 슈뢰딩거^{Erwin} $^{Schrödinger, 1887~1961}$가 고전적인 전자 궤도를 전자의 행동을 나타내는 파동함수로 대체한 것처럼 호킹도 우주론 모형에 우주가 어떤 기하학을 가질 확률을 나타내는 파동함수를 부여했다. 무경계 가설은 아주 부드럽고 질서 있는 방식으로 출발하는 우주를 예측했고 그 우주는 처음에는 초팽창한 다음, 표준적인 빅뱅모형으로 넘어가게 된다. 그 후 계속 팽창하여 최대 반지름까지 늘어났다가 무질서하고 불규칙한 방식을 통해 특이점으로 붕괴하게 된다. 이것이 호킹이 우주의 탄생과 붕괴를 설명하는 방식이다.

하지만 이것이 우주의 수수께끼에 대한 최종 해답은 아니다. 인류가 탄생한 이후 계속해서 변화해온 우주에 대한 이론 중 호킹의 이론도 우주와 그 속에서 우리의 위치에 대한 더 깊은 이해에 이르는 중간 단계일 뿐이다

우주는 어떤 모습으로
존재하는가?

별들의 탄생과 죽음

앞에서 우주가 어떻게 시작되었는지에 대해 대폭발 이론을 중심으로 살펴보았다. 이 장에서는 대폭발에 의해 시작된 우주가 지금 어떤 모습으로 존재하는지 둘러보려고 한다.

우리가 살고 있는 지구라는 행성은 작게는 태양계의 일원으로, 나아가 우리은하의 일원으로 존재한다. 그리고 한편으로는 끝을 알 수 없는 광대한 우주의 한 부분으로 존재한다. 이 우주를 채우고 있는 것은 수많은 별들과 그 별들로 구성되어 있는 은하들이다. 미국의 천문학자 칼 세이건은 자신의 저서 《코스모스 Cosmos》(1980)에서 이렇게 말한 바 있다.

우주의 크기와 나이는 평범한 인간의 이해력을 넘어서는 것이다. 그 광대하고 영원한 곳 어딘가에 존재하는 우리의 작은 행성 지구는 너무 작아서 보이지도 않는다.

세이건의 말처럼, 우주의 모습을 살펴보는 것은 그 자체로도 의미가 있는 일이지만, 더 나아가서 그 우주의 일원인 지구와 지구에 살고 있는 인간의 위치를 깨닫게 된다는 중요한 의미도 있다. 지구와 그 위에 살고 있는 인간에 대한 이해는 우주 전체를 가득 채우고 있는 다른 별들과 은하들과의 관계 속에서 얻어질 수 있는 것이다. 지구와 인간은 다른 별들이나 은하들과 같이 생성, 성장하고 소멸해간다. 그런 의미에서 다른 별들과 은하들의 일생을 살펴보는 것은, 바로 우리의 과거를 살펴보고 미래를 예측해보는 것이 된다. 현대 천문학은 이들의 생성과 성장, 그리고 소멸에 대해서 어떻게 이야기하고 있을까?

우리 지구가 속해 있는 우리은하는 수백억 개의 별들로 구성되어 있다. 우리에게는 너무나도 특별하게 여겨지는 태양은 단지 그 수백억 개의 별들 중 하나일 뿐이다. 이와 마찬가지로 우주에서 발견되는 수십억 개의 다른 은하들 역시 어마어마한 숫자의 별들로 구성되어 있다. 지구에 살고 있는 인간들이 다 독특한 개성을 가지고 있듯이, 이들 별들도 제각각의 개성을 가지고 있다. 천문학자들은 다양한 개성을 가진 별들을 일정한 기준에 의해 분류하는 방법을 개발했다. 이렇게 분류된 별들은 현재의 특성, 예를 들면 온도, 질량, 크기 등이 다를 뿐 아니라 생성되고 성장하고 소멸하는 모습 역시 다르다. 이제 별들의 특징과 그 일생에 대해서 살펴보자.

별들도 인간과 마찬가지로 태어나서 자라고 죽어간다(엄밀히 말해 별들은 결코 죽지 않는다. 다만 죽어갈 뿐이다). 따라서 하늘에 무수히 흩어져 있는 많은 별들 중 어떤 것들은 갓 태어난 아기별일 것이고, 어떤 것들은 어른별일 것이다. 그리고 그들 중 일부는 늙은 별일 것이고, 또 어떤 것들은 죽어가는 별일 것이다. 재미있는 것은, 이 별들이 제각각 독특한 형태의 고유한 일생을 가진다는 것이다. 이것은 마치 우리 인간들이 태어나서 자라고 죽어가지만, 어느 누구도 똑같은 모습으로 일생을 살지 않는 것과 마찬가지다. 인간의 경우, 이러한 차이는 유전자의 영향을 받거나 그 인간이 처해 있는 환경의 영향을 받아서 결정된다. 그렇다면 별들의 일생에 차이를 만들어내는 것은 무엇일까? 별들은 어떠한 이유로 서로 다른 제각각의 일생을 가지고 있는 것일까? 그 해답은 별의 질량에 있다. 질량이 큰지 작은지에 따라서 그 별의 일생이 어떤 모습인가가 결정되는 것이다. 우선 태양 정도의 질량을 가진 별들은 어떤 일생을 거치는지 살펴보자. 태양은 수많은 별들 가운데 아주 평범한 별임을 이미 이야기했다. 태양은 전체 별들의 평균 질량보다 좀 더 작은 질량에 덩치는 비교적 작은 별이라고 할 수 있다. 태양과 비슷한 질량을 가진 별들은 다음과 같은 일생을 가진다.

1. 차가운 성운 덩어리 속의 가스나 먼지들이 아기별 또는 원시별(young stellar object, YSO)을 만든다.

2. 원시별이 내부 입자들의 끌어당기는 중력에 의해 점점 수축하게 되고, 그 결과 원시별 내부에서 온도와 압력이 일정치 이상으로 높아지게 되면 수소 핵융합 반응이 시작된다.

3. 수소 핵융합 반응이 진행되면서, 아기별은 어른별로 성장하게 된다. 이런 어른별을 주계열성(main-sequence star)이라고 부른다.

4. 별이 내부에 있는 수소를 모두 다 써버리고 나면, 별 표면에 있는 수소가 타기 시작한다.

5. 수소 껍질이 타면서 방출되는 에너지는 별을 더 밝게 보이게 만들고, 그 수소 껍질이 팽창함에 따라 별 표면은 더 커지고, 더 차가워지고, 더 붉은 색깔을 띠게 된다. 이런 별들을 늙은 별 또는 적색거성(red giant star)이라고 부른다.

6. 시간이 점점 지남에 따라 늙은 별의 껍질은 내부 압력에 의해 서서히 별로부터 떨어져 나가고, 이 껍질들은 별 중심 핵 주위에서 뿌연 구름 덩어리 모양의 행성상 성운(planetary nebula)을 만든다.

7. 이 행성상 성운은 점점 우주 공간으로 흩어져 없어지고, 결국은 별의 뜨거운 중심핵만 남게 된다.

8. 이 중심핵은 백색왜성(white dwarf)이라고 불리는데, 이것은 점점 식어가면서 희미해진다.

태양보다 훨씬 더 무거운 질량을 가진 별들은 이와는 또 다른 일생을 가진다. 행성상 성운을 만들거나 백색왜성으로서 죽어가는 대신 강력한 폭발을 하는 초신성^{supernova}을 만들고, 그 뒤에는 중성자별$^{neutron\ star}$이나 블랙홀로 죽어간다. 또한 이런 무거운 별들은 가벼운 별들에 비해서 일생의 진행 과정이 훨씬 빨리 진행

된다. 예를 들어 태양은 약 100억 년 정도의 일생을 가지지만 그보다 20~30배 정도 무거운 별들은 탄생한 지 수백만 년 안에 폭발해버리고 만다.

한편 태양보다 가벼운 질량을 가지는 별들은 일생 자체를 가지기가 힘들다. 그것들은 아기별로 시작해서 어른별이 된 다음에 영원히 적색왜성red dwarf star으로 남게 된다.

별, 태어나고 자라다

별들은 성운nebula 속에서 처음 생겨난다. 성운을 망원경으로 관찰해보면 뿌연 구름처럼 보이는데, 이것은 그 안에 먼지와 가스들이 많이 있기 때문이다. 성운 속에 있던 먼지나 구름이 중력 때문에 서로 끌어당기면서 한곳으로 모이면 아기별이 된다. 아기별들은 태어난 지 얼마 되지 않은 별들로, 그들이 태어났던 먼지나 가스 덩어리들에 둘러싸여 있다.

아기별들은 티 타우리 별들^{T Tauri stars}, 허비그-아로 천체^{Herbig-Haro objects} 등으로 나뉜다. 티 타우리 별들은 그 대표적인 특징을 황소자리^{Taurus}의 T 별이 보여주기 때문에 그렇게 명명되었으며, 허비그-아로 천체는 그러한 특징을 가진 아기별들을 처음으로 발견한 두 천문학자인 조지 허비그^{George Herbig, 1920~}와 기예르모 아로^{Guillermo Haro, 1913~1988}의 이름을 따서 명명되었다. 아기별들은 성운 속의 H II 지역이라고 불리는 곳에서 형성되는데, 이곳은 하나가 아닌 수많은 별들이 동시에 생성되는 곳으로 '별들의 신생아실'이라고 부를 만하다.

아기별이 주계열성이라고도 불리는 어른별이 되면 아기별일때 자기를 둘러싸고 있던 먼지나 가스 덩어리들을 모두 벗어버린다. 이런 별들은 중심부의 높은 온도와 압력 때문에 수소가 헬륨으로 바뀌는 수소 핵융합 반응이 일어나기 때문에 많은 에너지가 생성되고, 그 생성된 에너지들이 별 밖으로 방출되면서 아주 밝게 빛난다. 대표적인 어른별이 바로 우리 지구를 비추는 태양이다. 태양이 눈부시게 빛나는 이유는 태양 중심부에서 수소 핵융합이 일어나서 에너지가 빛과 열의 형태로 방출되기 때문이다. 일반적으로 과학자들이 '별' 또는 '항성'[*]

🪐 항성

태양과 같이 핵융합 반응을 통해 스스로 빛을 내는 고온의 천체를 이르는 말로 천구 위에서 볼 때 움직이지 않는 것처럼 보여 항성이라 불린다. 맨눈으로 볼 수 있는 별 가운데 행성, 위성, 혜성 따위를 제외한 별 모두가 해당되며 대기가 맑은 날에는 약 6,000여 개 정도 확인할 수 있다. 우리은하 내에만 약 1,000억 개의 항성이 있으리라 추정되고 있다.

이라고 부르는 것은 바로 이 어른별들 또는 주계열성들이다.

이 시기가 지나면 별도 조금씩 늙어가는 적색거성으로 변화한다. 적색거성은 그 규모가 엄청나게 커서, 때로는 금성이나 지구의 공전 궤도의 지름 정도의 크기를 갖는 것도 있다. 태양이 나이가 들어서 점점 부풀어 올라 우리 지구를 삼킨다고 상상해보면, 적색거성이 얼마나 큰지 알 수 있다. 적색거성은 태양보다 서너 배 무거운 별이나 태양보다 약간 가벼운 별들이 어른별로서의 과정을 다 마치면 맞이하게 되는 단계다. 따라서 적색거성은 한창 활동이 왕성한 별이라기보다 늙어가고 있는 별이라고 생각할 수 있다.

적색거성은 더 이상 중심핵에서 수소 핵융합 반응을 일으키지 않는다. 그 이유는 적색거성이 어른별일 때 중심핵에 있던 수소들을 모두 헬륨으로 바꿔버렸기 때문이다. 대신 중심핵 주위를 감싸고 있는 별의 껍질 지역에서 수소 핵융합 반응이 일어난다. 하지만 태양보다 훨씬 무거운 별들은 적색거성의 단계를 거치지 않는다. 이런 별들은 적색거성보다 훨씬 더 크게 부풀어 오르기 때문에 천문학자들은 이를 적색 초거성^{red supergiant}이라고 부른다. 전형적인 적색 초거성은 태양보다 1,000~2,000배 정도 크기 때문에, 태양의 위치에 이것을 가져다놓으면 목성이나 토성도 삼켜버릴 정도의 규모를 가진다.

적색거성이나 적색 초거성의 단계를 지난 별들이 맞이하는 운명은 서서히 죽어가는 것이다. 우주에는 다양한 종류의 죽어가는 별들이 있다. 여기서는 그것들의 특징을 하나하나 살펴보도록 하자.

첫 번째 죽어가는 별은 행성상 성운의 중심별이다. 하늘을 관찰해보면 성운은 유독 아름답게 보인다. 수많은 빛들을 내뿜는 성운은 우주의 보석처럼 빛난다. 하지만 그중 어떤 것들은 안타깝게도 죽어가는 별들의 무덤과 같은 곳이다. 적색거성을 거친 별의 가스가 주위로 흩어지면서 만들어지는 행성상 성운이 바로 그것이다. 이런 행성상 성운의 중심부에 존재하는 별은 백색왜성과 비슷한 모양을 하고 있고, 시간이 좀 더 지나면 실제로 백색왜성이 될 별이다. 별이 수만 년에 걸쳐서 내뿜어놓은 가스들로 이루어진 성운들은 점점 팽창하면서 희미해지고, 결국에는 중심부의 별만 남겨놓은 채 사라져버린다. 이렇게 남겨진 별의 중심부는 백색왜성이 된다.

죽어가는 별의 한 종류인 백색왜성

두 번째 죽어가는 별은 백색왜성이다. 백색왜성은 이름 그대로 난쟁이처럼 작고 하얗게 관찰되는 별이지만, 실제로는 노랗거나 붉은 것도 관찰된다. 태양 정도의 질량을 가진 별은 결국 이 백색왜성의 형태로 늙어서 서서히 희미해져간다.

백색왜성은 아주 작지만, 그만큼 아주 단단한 별이다. 전형적인 백색왜성은 태양 정도의 질량을 가지고 있는데, 그 크기는 고작 지구 정도거나 지구보다 더 작은 경우도 있다. 질량에 비해서 부피가 얼마나 큰지를 알려주는 물리 단위인 밀도로 이야기하면, 백색왜성은 단위 부피당 질량이 매우 커서 밀도가 아주 높다. 만약 백색왜성의 성분을 숟가락으로 한 술 떠서 지구에서 그 무게를 재면 아마 1톤 정도는 나갈 것이다.

세 번째 죽어가는 별은 초신성이다. 초신성은 별 전체가 파괴되어 없어져버리는 거대한 폭발이다. 그 폭발이 어찌나 큰지 맨눈으로도 우주에서 일어나는 그 폭발을 관측할 수 있을 때도 있다. 우리가 알아야 할 첫 번째 초신성은 타입 II다. 타입 II 초신성은 태양보다 훨씬 크고 밝고 무거운 별의 폭발로, 매우 밝은 빛을 낸다. 폭발하기 전에 이 별은 적색 초거성이었다. 이 적색 초거성이 폭발할 때 중심부에 남겨지는 것이 있는데, 이것이 바로 중성자별이다. 하지만 어떤 경우에는 이 중성자보다 더 신기한 특성을 많이 가지고 있는 블랙홀을 남기기도 한다.

두 번째 형태의 초신성은 타입 Ia라고 부르는 것이다. 타입 Ia 초신성은 타입 II 초신성보다 더 밝은 빛을 낸다. 타입 Ia 초신성은 재미있는 특징을 가지고 있다. 이는 그 폭발의 밝기가 항상 일정하다는 것이다. 하지만 우리가 실제로 관측하는 타입 Ia는 밝은 것도 있고, 어두운 것도 있다. 이는 그 폭발이 지구로부터 얼마나 많이 떨어져 있냐에 달려 있다. 즉, 가까이 있는 것은 밝게 보일 것이고, 멀리 있는 것은 어둡게 보일 것이다. 따라서 천문학자들은 타입 Ia 초신성이 얼마나 밝은지를 조사해서 그것이 지구로부터 얼마나 떨어져 있는지를 알아낸다.

타입 Ia 초신성이 이렇게 비슷한 밝기의 폭발을 일으키는 이유는 뭘까? 이 초신성이 쌍성계^{binary system}에서 발생하기 때문이다. 쌍성계라는 것은 두 개의 별이 쌍을 이루어 존재하는 것을 말한다. 우리 태양은 홀로 존재하는 고독한 별이지만, 실제로 우주에는 두 개의 별이 짝을 이루어 존재하는 쌍성계가 매우 많이 존재

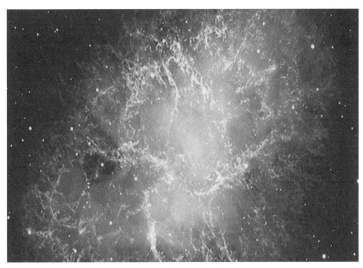

별 전체가 파괴되는 초신성의 잔해

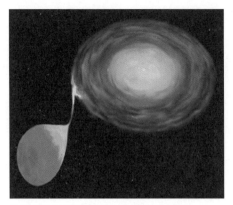
두 개 이상의 별이 쌍을 이루어 존재하는 쌍성계

한다. 이런 쌍성계가 폭발할 때 가스가 한 쪽 별에서 다른 쪽 별로 흘러들어 가는데, 이 다른 쪽 별이 바로 앞에서 이야기했던 백색왜성이다. 이 백색왜성 쪽으로 흘러들어 온 가스는 뜨거운 외부 가스층을 형성하면서 질량이 점점 증가하게 되고, 일정한 질량에 도달하면 폭발하게 된다. 만약 질량이 충분히 증가하지 못하면 폭발이 일어나지 않는다. 따라서 폭발이 일어나는 타입 Ia 초신성은 거의 비슷한 질량에서 폭발하기 때문에 항상 비슷한 밝기를 가지게 되는 것이다.

세 번째 죽어가는 별은 중성자별이다. 중성자별은 매우 작아서 얼핏 보면 백색왜성처럼 보이지만, 그것들은 실제로 백색왜성보다 훨씬 더 무거운 별이다. 어떤 천문학자들은 중성자별을 나폴레옹Napoléon Bonaparte, 1769~1821에 비유하기도 한다. 몸집은 작지만 결코 무시할 수 없는 중요한 특징을 가지고 있기 때문이다. 전형적인 중성자별은 지름이 고작 15~20킬로미터밖에 되지 않지만, 그 질량은 태양보다 두 배까지 무겁다. 따라서 숟가락으로 중성자별의 성분을 한 술 떠서 지구에서 그 무게를 재면 10억 톤 정도가 된다. 일반인들에게 중성자별은 펄서pulsar라는 이름으로 더 잘 알려져 있다. 펄서는 아주 강한 자기장을 띠고 있으며 빠른 속도로 회전하면서 전파, X선, 감마선 등을 방출한다. 이 광선이 서치라이트처럼 지구를 비추면, 지구에서는 짧은 순간 그 광선을 관찰할 수 있는데, 이렇게 관찰된 광선을 펄스^{pulse}라고 부른다. 이 펄스가 얼마나 빠른 비율로 관측되는지는 펄서가 얼마나 빨리 회전하느냐에 달려 있다. 실제 관측에 의하면, 펄스 비율은 초당 수백 번에 이르는 것도 있고 수 초당 한 번의 비율로 관측되는 것도 있다.

네 번째 죽어가는 별은 블랙홀이다. 블랙홀은 밀도가 높고 단단하기가 상상을 초월할 정도로 커서, 블랙홀에 비하면 백색왜성이나 중성자별은 솜사탕 같다고 할 수 있을 정도다. 그 밀도가 너무나 크고 단단해서 거기에 걸맞은 중력을 가지고 주위의 모든 것들을 삼켜버린다. 따라서 어떠한 물체라도 블랙홀의 중력을 벗어날 수 없다. 심지어 빛조차 블랙홀의 중력을 벗어나지 못하기 때문에 블랙홀은 아무런 빛도 방출하지 않는 것처럼 보이고, 따라서 우리에게는 이름 그대로 '검은 구멍'처럼 보일 뿐이다. 아인슈타인의 일반상대성이론

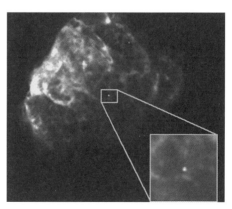

펄서라는 이름으로 더 잘 알려져 있는 중성자별

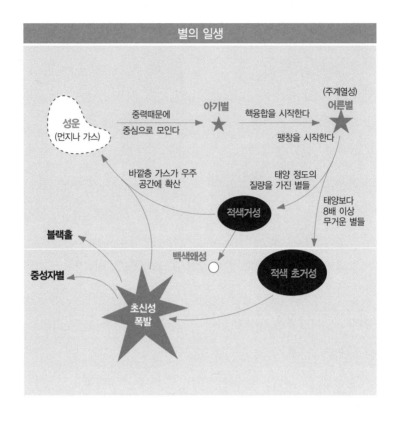

별의 일생

성운
(먼지나 가스)

중력때문에
중심으로 모인다

아기별
★

핵융합을 시작한다

(주계열성)
어른별
★

팽창을 시작한다

바깥층 가스가 우주
공간에 확산

태양 정도의
질량을 가진 별들

태양보다
8배 이상
무거운 별들

적색거성

블랙홀

중성자별

백색왜성

적색 초거성

초신성
폭발

에 의하면, 블랙홀 주위의 우주 공간은 블랙홀의 강한 중력 때문에 아주 기묘한 구조를 가지고 있다. 이런 기묘한 구조 때문에, 어떤 물리학자들은 블랙홀 속으로 빨려 들어간 물체는 우리 우주가 아닌 다른 우주로 가버릴 수도 있다는 이론을 내놓기도 한다. 우리가 공상과학영화에서 흔히 보는 바와 같이, 블랙홀을 통해서 엄청나게 멀리 떨어진 우주의 다른 저편으로 이동하는 것이 사실은 이론적으로 진지하게 설명되고 있는 것이다.

블랙홀의 존재

앞에서 이야기했듯이 블랙홀이 검게 보이는 이유는, 아니 좀 더 정확하게 이야기해서 직접적으로 관측되지 않는 이유는 빛이 블랙홀의 중력을 벗어날 수 없기 때문이다. 그렇다면 우리는 블랙홀의 존재를 어떻게 알 수 있을까? 도대체 이론적으로도 보이지 않고 실제로도 관측할 수 없다면, 드넓은 우주 공간에서 어떻게 블랙홀을 찾아낸단 말인가?

천문학자들은 여러 가지 간접적인 방법들을 이용해 블랙홀을 찾아낸다. 블랙홀은 엄청나게 큰 중력을 가지고 있기 때문에 주위 환경에 미치는 영향도 상당히 극적이다. 예를 들면 천문학자들은 커다란 별이 안정적으로 있지 못하고 바로 옆의 어딘가로 빨려 들어가고 있는 것 같은 모양을 하고 있는 사례들을 관측했다. 그런데 실제로 그 옆에서 아무것도 관측되지 않는다면, 바로 이곳에 블랙홀이 있다고 생각할 수 있는 것이다. 좀 더 구체적으로 블랙홀을 발견해내는 방법들을 살펴보면 다음과 같은 것들이 있다.

① 가스가 정상적인 조건에 비해서 너무 뜨거운 상태로 회전하고 있을 때

② 높은 에너지를 가진 입자들이 블랙홀로 빨려 들어가지 않고 밖으로 분출될 때

③ 별들이 보이지 않는 중력원의 영향을 받아 엄청나게 빠른 속도로 공전할 때

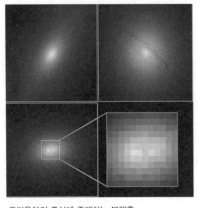

우리은하의 중심에 존재하는 블랙홀

블랙홀은 두 가지 종류가 비교적 잘 알려져 있다.

첫 번째는 별 정도의 질량을 가진 블랙홀이다. 좀 더 정확히 이야기하면, 블랙홀들의 질량은 태양의 3~100배 정도까지 이른다. 이런 블랙홀들은 그 크기가 중성자별과 비슷하다. 만약 이 블랙홀이 태양의 10배 정도의 질량을 가지고 있다면, 지름은 대략 60킬로미터가 될 것이다. 다시 말해 태양을 찌그러뜨려서 점점 단단하게 해 블랙홀로 만들려면, 지름이 6킬로미터가 될 때까지 찌그러뜨려야 한다는 말이다. 별 정도의 질량을 가진 블랙홀은 초신성이 폭발할 때 주로 만들어진다.

또 다른 종류의 블랙홀은 '거대 질량 블랙홀supermassive black hole'이라는 것으로, 질량이 태양 질량의 수만 배에서 수십억 배에 달하기도 하며 일반적으로 은하의 중심에 위치하고 있다. 지구가 속해 있는 우리은하도 그 중심에 블랙홀이 존재하는데, 그 별의 이름은 '궁수자리 A Sagittarius A'로 알려져 있고, 질량이 태양의 250만배나 된다. 지구가 속해 있는 태양계는 2억 3,000만 년마다 한 바퀴씩 이 블랙홀을 공전한다. 천문학자들은 이러한 거대 질량 블랙홀이 모든 은하의 중심에 존재하거나, 적어도 어느 정도 이상의 규모를 가진 은하에는 다 존재한다고 생각한다. 하지만 규모가 작은 은하에도 이러한 블랙홀이 존재하는지는 확실치 않다.

한편 방금 언급한 블랙홀의 종류 외에 또 다른 종류의 블랙홀이 있는데, 그것은 비교적 최근에 발견된 '중간 질량 블랙홀 intermediate black hole"이다. 태양 질량의 500~1,000배 정도 되는 질량을 가지고 있는데, 사실 이 중간 질량 블랙홀의 정체는 확실하지 않다. 어떤 과학자들은 이것이 나중에 거대 질량 블랙홀로 변할 것이라고 생각하기도 한다. 왜냐하면 중간 질량 블랙홀은 거대 질량 블랙홀보다 가볍지만, 이것 역시 만만치 않은 중력을 가지고 있어서 주위의 물질들을 다 빨아들이며 질량이 점점 증가하고 있기 때문이다. 또 어떤 과학자들은 이것이 블랙홀이 아닌, 다른 어떤 것이라고 생각하기도 한다. 하지만 그 다른 어떤 것이 무엇인지는 여전히 의문으로 남아 있다.

블랙홀을 이해하는 데는 '사건의 지평 event horizon'이라는 개념을 아는 것이 중요하다. 보통 블랙홀의 크기를 이야기할 때, 그것은 그 블랙홀의 '사건의 지평'의 지름을 의미한다. 사건의 지평이란 어떤 물체가 블랙홀의 중력으로 벗어나기 위해 필요한 속도가 빛의 속도와 똑같게 되는 블랙홀 주위의 표면을 말한다. 좀 더 쉽게 생각해보도록 하자. 블랙홀의 중심부는 중력이 너무 높아서 심지어 빛조차 빠져나오지 못한다. 따라서 다른 물체들도 일단 블랙홀의 중심부 근처까지 빨려 들어가면 블랙홀의 중력을 벗어나는 것은 불가능하다. 한편 블랙홀에서 멀리 떨어진 지점은 블랙홀의 중력이 미치는 영향이 작으므로, 빛보다 느린 속도로도 그 중력의 영향권에서 벗어날 수 있다. 그렇다면 블랙홀의 중심부와 블랙홀에서 멀리 떨어진 지점 사이의 어딘가는 물체가 정확하게 빛의 속도를 가지면 그 중력의 영향권에서 벗어날 수 있는 지점이 존재할 것이다. 바로 이 지점을 사건의 지평이라고 한다. 이 사건의 지평 안쪽으로 들어간 물체가 블랙홀의 중력을 벗어나서 밖으로 빠져나오기 위해서는 빛보다 더 빠른 속도를 가지고 있어야 한다. 그런데 아인슈타인의 특수상대성이론에 의하면 어떠한 물체도 빛의 속도를 넘어설 수 없다. 따라서 일단 블랙홀의 사건의 지평 안으로 들어간 물체는 블랙홀로부터 빠져나오는 것이 불가능하다고 할 수 있다.

🖋 블랙홀도 그다지 검지 않다

블랙홀에 대한 연구가 더 많이 진행되면서, 블랙홀에 대한 새로운 사실들이 많이 알려졌는데, 그중 대표적인 것이 호킹복사(Hawking radiation)라고 불리는 현상이다. 기존의 이론들은 블랙홀이 상상할 수 없을 정도로 큰 중력 때문에 모든 입자들을 집어삼키기만 할 것으로 생각했다. 하지만 호킹은 블랙홀의 사건의 지평 근처에 존재하는 입자들의 움직임을 양자역학적으로 설명함으로써 블랙홀에서 입자가 방출될 수도 있음을 증명했는데, 이것이 바로 호킹복사다.

양자역학에 의하면, 입자들은 가만히 정지해 있는 것이 아니라 끊임없이 생성과 소멸을 반복한다. 입자(particle)와 반입자(antiparticle)가 만나면 에너지를 방출하면서 소멸되고, 반대로 무에서 입자와 반입자가 동시에 만들어지기도 한다. 이렇게 입자와 반입자는 서로 대칭적으로 작용하는 것으로 알려져 있다.

거대한 별들의 집합체

지금까지 우리는 별들에 대해서 알아보았다. 이 별들은 그 자체가 거대한 규모를 가진 천체이긴 하지만, 그것들이 수백억 개 내지는 수천억 개가 모여서 은하라는 더욱 거대한 천체를 구성한다. 우리 태양도 사실은 우리은하를 구성하는 수많은 별들 중 하나일 뿐이다. 우리은하는 그 안에 수천억 개의 별들과 수천 개의 성운, 그리고 수백 개의 성단^{star cluster}을 가지고 있다. 하지만 이 은하는 다시 거대한 은하군의 한 구성 요소일 뿐이다. 우리은하군을 넘어가면, 가장 가까이에 존재하는 은하단을 만나게 되는데 이것이 바로 처녀자리 은하단^{Virgo cluster}이다. 이 은하단은 그 안에 수많은

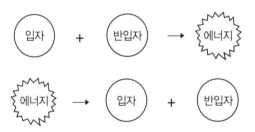

블랙홀의 사건의 지평에서 이런 입자의 생성과 소멸 활동이 일어났다면, 입자 쌍 중의 하나가 블랙홀의 중력에 영향을 받아 블랙홀 속으로 빨려 들어가고 다른 입자는 상호소멸에 영향을 받지 않고 블랙홀 밖으로 튀어 나간 것으로, 외부에서 보면 블랙홀로부터 에너지가 방출된 것으로 관찰된다. 그래서 호킹은 블랙홀이 주위의 모든 물질을 빨아들이는 암흑의 천체이기만 한 것은 아니라는 의미로 "블랙홀도 그다지 검지 않다"라고 표현한 것이다.

은하들을 거느리고 있는 거대한 은하들의 집단이다. 이러한 은하단이 모이면 다시 초은하단^{supercluster}이 만들어진다. 이것이 과학자들이 발견한 가장 거대한 규모의 별들의 집합체다. 이 초은하단들이 모여 어떤 집합체를 만드는지는 아직 제대로 관측되지 않았다. 우주의 끝이 어디쯤인지도 짐작할 수 없는 인간의 능력으로서는 초은하단들이 모여서 무엇을 만드는지 상상하기가 쉽지 않다. 지금부터 우리 태양계가 포함되어 있는 우리은하와 우리은하 너머에 존재하는 다른 은하들, 즉 외부은하에 대해서 알아보자.

우리은하 이야기

밤하늘에서 은하수를 찾아본 적이 있는가? 밤하늘을 가로질러 흘러가는 은하수는 아름답고 경이롭기 그지없다. 그 은하수에 얽힌 수많은 신화와 전설들까지는 아니더라도, 한번쯤 그 아름다움에 취해볼 수 있다면 잊을 수 없는 경험이 될 것이다. 이 은하수를 처음으로 자세하게 관찰한 사람은 바로 그 유명한 갈릴레오였다. 그는 자신이 만든 망원경으로 은하수를 관찰했는데, 그 결과 은하수가 수많은 희미한 별들의 집합체라는 사실을 알게 되었다. 사실 이 은하수는 그 안에 우리 태양계를 비롯한 태양의 이웃 별들, 그리고 수많은 별자리들을 구성하는 별들 중 우리 눈에 보이는 별들, 그리고 은하수를 마치 우유가 흐르는 것처

우리은하의 모습

럼 뿌옇게 보이도록 만드는 수많은 희미한 별들이 포함되어 있다. 또한 그 안에는 우리가 맨눈으로 확인할 수 있는 대부분의 성운들도 포함되어 있다.

은하수의 나이는 우주 그 자체의 나이와 비슷할 정도로 오래되었다. 과학자들이 추정하는 바에 따르면 은하수의 오래된 별들은 나이가 120억 살이 넘는 것들도 있다고 한다.

아주 오래전에, 우주를 떠돌던 거대한 기체 덩어리가 중력 때문에 서서히 뭉치기 시작했다. 그 기체 덩어리 안에 존재하던 작은 덩어리들은 전체 기체 덩어리보다 좀 더 빠른 속도로 뭉쳤는데, 그 결과 별들이 탄생하게 되었다. 이 기체 덩어리는 처음에는 매우 천천히 뭉쳐지다가, 그 크기가 점점 작아지면서 나중에는 점점 더 빨리 회전하게 되었고, 그 결과 모양이 납작해지면서 오늘날의 나선 팔spiral arm 구조를 가지게 되었다.

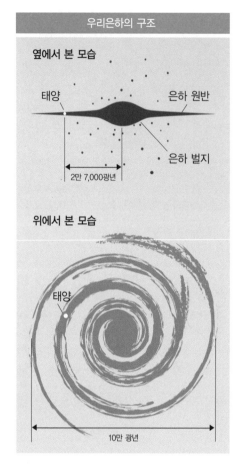

우리은하의 구조

옆에서 본 모습

태양

은하 원반

은하 벌지

2만 7,000광년

위에서 본 모습

태양

10만 광년

은하수의 모양과 크기를 결정한 것은 바로 중력이다. 별들이 만들어질 때 중력이 중요한 작용을 한다는 사실을 이미 보았지만, 이는 은하들의 경우에도 마찬가지다. 우리은하는 전형적인 나선은하 spiral galaxy 인데, 이러한 나선은하들은 수십억 개의 별들이 모여 납작하고 편평한 모양을 이루고 있다. 이러한 원반을 은하 원반 galactic disk 이라고 한다. 이 은하 원반은 지름이 10만 광년이나 된다. 1광년은 빛이 10년 동안 갈 수 있는 거리이므로, 빛이 우리은하의 원반을 한 번 관통하는 데만 10만 년이 걸리는 셈이다. 이 은하 원반에서 여러 개의 팔들이 나선형 모양으로 나와서 소용돌이치듯이 붙어 있다. 이 나선 팔에는 수많은 밝고 젊은 푸른 별들과 흰 별들, 그리고 가스 덩어리들이 존재한다. 태양계는 우리은하의 많은 나선 팔 중 하나의 가장자리에 위치하고 있다.

은하 중심부에는 은하 벌지^{galactic bulge}라고 불리는 부분이 있는데, 이것은 덩어리가 엄청나게 크기 때문에 붙여진 이름이다. 이 은하 벌지는 대략적으로 공 모양이라고 할 수 있으며, 이 안에는 오렌지색과 흰색의 비교적 나이 많은 별들이 존재한다. 그리고 이 은하 벌지의 중심부에는 거대한 블랙홀이 존재한다.

성단과 성운

은하 주위에 존재하는 별들도 있다. 이런 별들의 집합체를 성단이라고 하는데 이 성단에 속하는 별들은 동일한 성운에서 처음 생겨난 것들이 대부분이며 중력에 의해서 서로 붙잡혀 있다. 성단은 산개성단, 구상성단 그리고 OB성협으로 나뉜다.

산개성단^{open cluster}은 수만 개의 별들로 이루어져 있는데, 주로 은하 원반 안에 존재한다. 전형적인 산개성단은 30광년 정도의 크기를 가진다. 이름에서 알 수 있듯이, 산개성단 안에 존재하는 별들은 중심에 밀집되어 있지 않고 넓은 지역에 흩어져서 존재하는데, 이 별들은 대체로 젊은 별들이다. 이러한 산개성단은 간단한 망원경이나 맨눈으로도 관찰할 수 있다. 대표적인 산개성단 중에 플레이아데스 성단^{Pleiades}이라는 것이 있는데, 이것은 맨눈으로 보면 아주 작은 국자 모양으로 보인다. 또 다른 산개성단인 히아데스 성단^{Hyades}은 그 안에 있는 별들이 V자 모양을 이루고 있다. 히아데스 성단은 플레이아데스 성단보다 훨씬 크게 보이는데, 이는 지구와의 거리 때문이다. 히아데스 성단은 우리로부터 150광년 정도 떨어져 있고, 플레이아데스 성단은 약 400광년 정도 떨어져 있다.

구상성단 ^{globular cluster}은 산개성단에 비해서 아주 오래된 별들의 집합체이기 때문에 은하의 나이만큼 오래된 경우가 대부분이다. 구상성단에는 앞에서 본 것처럼 적색거성이나 백색왜성들이 많이 존재한다. 우리가 맨눈이나 평범한 성능의 망원경으로 구상성단을 관찰하면 거의 적색거성들만이 보일 것이다. 하지만 허블 망원경과 같은 최첨단 장비를 동원해서 관찰해보면, 희미하게 죽어가고 있는 백색왜성들이 보인다. 전형적인 구상성단은 수만 개에서 수백만 개에 이르는 별들을 포함하고 있는데, 이것들은 모두 다 지름이 60~100광년 정도 되는 공 안에 밀집되어

수많은 별들로 이루어진 산개성단

있다. 구상성단과 산개성단의 또 다른 중요한 차이점은 산개성단은 주로 은하 원반 주위에 편평하게 분포하는 데 반해서, 구상성단은 은하의 중심을 중심으로 해서 공 모양으로 매우

넓게 퍼져 있고 은하 평면의 아주 멀리 떨어진 위쪽이나 아래쪽에 많이 존재한다는 것이다. 가장 대표적인 구상성단은 헤르쿨레스자리^{Hercules}에 있는 메시에 13번^{Messier 13}과 페가수스자리^{Pegasus}에 있는 메시에 15번^{Messier 15}이다. 이것들은 날씨가 맑은 날 주위에 불빛이 없으면 맨눈으로도 관찰이 가능하다.

한편, OB성협^{OB association}은 수십 개의 밝은 별들이 느슨하게 모여 있는 천체다. 산개성단이나 구상성단과 달리 OB성협에서는 중력이 그 안에 있는 별들을 강하게 끌어당기지 못한다. 따라서 이 안에 있는 별들은 서로 점점 멀어지고 있는데, 언젠가 이 별들은 서로 상관없이 따로따로 남은 일생을 보내게 될 것이다. 대표적인 OB성협으로는 오리온자리^{Orion}에 있는 젊은 별들로 이루어진 오리온 OB성협이다.

성운은 우주 공간에 가스와 먼지들이 구름처럼 모여 있는 집합체다. 앞에서도 살펴보았듯이, 이 성운은 별들의 탄생에 매우 중요한 역할을 한다. 하지만 또 어떤 경우에는 별들이 죽은 뒤 잔해가 흩어져서 성운을 만들기도 한다. 따라서 이 성운은 별들의 삶과 죽음에 매우 밀접한 관련을 가지고 있다. 성운들

오래된 별들의 집합체인 구상성단

중 중요한 몇 가지만 살펴보도록 하자.

첫 번째 중요한 성운은 H II 지역이다. 이 성운 안에는 수소들이 다량 존재하는데, 모두 이온화된 형태로 존재한다. 즉, 하나의 양성자와 하나의 전자로 이루어진 수소가 그 전자를 잃어버린 형태로 존재하는 것이다. H II 지역 안에 있는 수소들이 이온화된 상태로 존재하는 이유는 그 온도가 매우 높기 때문이다. 우리가 망원경으로 관찰할 수 있는 대부분의 성운은 이러한 H II 지역이다. 또 다른 중요한 성운으로는 암흑성운이라는 것이 있는데, 이 암흑성운은 이름 그대로 빛을 내지 않는 캄캄한 가스와 먼지 덩어리다. 이 성운들은 H II 지역에 비해서 온도도 낮고, 그 안에 들어 있는 수소들도 이온화되어 있지 않다.

또 다른 성운 중에는 앞에서 살펴본 행성상 성운이 있다. 별들

수백 개의 밝은 별들이 느슨하게 모여 있는 OB성협

의 일생에서 잠시 보았듯이, 행성상 성운은 별들이 나이가 점점 들어감에 따라 별의 중심부에서 바깥으로 밀려난 별의 대기를 말한다. 이 행성상 성운들은 그 중심부에 있는 매우 뜨겁고 작은 별로부터 나오는 자외선의 영향으로 매우 밝게 빛나며, 그 안에 있는 수소들도 이온화된 상태로 존재한다. 행성상 성운은 우주 공간으로 점점 퍼져 나가고 있는 중인데, 점점 많이 퍼질수록 가스의 밀도가 낮아지면서 온도가 내려가서 희미하게 관찰된다. 수십 년 동안 천문학자들은 대부분의 행성상 성운이 대략 공 모양일 거라고 믿어왔다. 하지만 지금은 많은 행성상 성운이 쌍극자bipolar라는 사실을 알게 되었다. 즉, 많은 행성상 성운은 중심별을 중심으로 해서 두 개의 원반이 마치 아령처럼 이어져 있는 모양을 하고 있음을 알게 된 것이다.

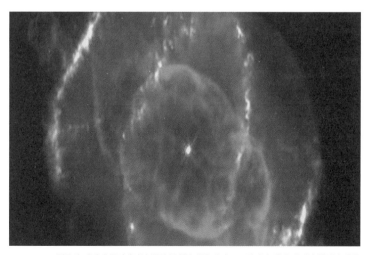

별들이 나이가 들어가면서 별의 중심부에서 바깥으로 밀려난 별의 대기인 행성상 성운

이제 우리은하 바깥으로 한번 눈을 돌려보자. 우리은하 바깥에 존재하는 모든 은하들을 외부은하라고 부른다. 이러한 외부은하들 중에는 우리은하처럼 나선형 은하도 있지만, 다른 모습으로 존재하는 은하들도 많이 있다. 은하들이 이런 다양한 모습을 하고 있는 이유는 그것들이 처음 만들어질 때 여러 가지 물리적 조건들이 달랐기 때문이다.

외부은하들 중에서 가장 많은 형태의 은하는 역시 나선은하다. 우리은하 역시 나선은하에 포함된다. 나선은하들은 원반 모양을 하고 있으며, 그 원반을 감싸고 있는 나선 팔들을 가지고 있다. 외부은하들 중 나선은하는 우리은하와 모양이 거의 비슷하지만, 어떤 것들은 우리은하보다 나선 팔이 원반을 더 촘촘히 감싸고 있거나 더 헐렁하게 감싸고 있다. 그리고 중심부의 은하 벌지도 우리은하의 은하 벌지보다 더 큰 것도 있고, 더 작은 것도 있다. 나선은하는 대체로 성간가스, 성운, OB성협 그리고 산개성단과 구상성단을 많이 가지고 있다.

막대나선은하

한편 막대나선은하^{barred spiral galaxy}는 나선은하의 일종이긴 하지만, 나선 팔이 은하의 중심에서부터 뻗어 나오지 않고, 대신 중심을 관통하는 막대 모양의 별 구조물 양 끝에서 뻗어 나온다. 이러한 별 구조물을 막대라고 부른다. 천문학자들의 연구에 의하면, 막대 나선은하 외부에 있는 가스들이 이 막대를 통해서 은하 중심으로 공급되고, 그 결과 은하 중심에 위치한 은하 벌지는 점점 그 부피가 커진다. 그리고 이 벌지의 부피가 커질수록 막대의 크기는 상대적으로 작아지게 될 것이다.

외부은하들 중에는 나선은하나 막대나선은하와는 전혀 다른 모양의 은하들도 있다. 대표적인 것으로는 타원은하가 있는데, 타원은하는 럭비공 모양으로 생겨서 타원은하라는 이름을 얻게 되었다. 이런 타원은하는 주로 늙은 별들과 구상성단들을 많이 포함하고 있기 때문에 새로운 별이 탄생하는 일은 좀처럼 일어나지 않는다. 이 안에는 H II 지역이나 산개성단 또는 OB성협은 관찰되지 않는다. 아마도 오랜 옛날에는 타원은하 안에서도 새로운 별이 생겨나는 일이 많았을 것이다. 하지만 어떤 이유 때문에 별을 만들 수 있는 가스가 모두 없어져버

타원은하

려서 더 이상 새로운 별이 만들어지지 않는다. 그 이유는 아직 정확히 밝혀지지 않았다.

한편 외부은하 중에 불규칙은하라고 이름 붙여진 것들도 있다. 불규칙은하들은 이름 그대로 매우 불규칙한 모양을 가지고 있다. 어떤 것들은 나선 팔이 있고, 어떤 것들은 없다. 일반적으로 그 안에는 차가운 성간가스들이 매우 많이 존재하는데, 이 안에서는 항상 새로운 별들이 만들어지고 있다.

그리고 난쟁이은하라는 것도 있는데, 난쟁이은하는 이름 그대로 매우 작은 규모의 은하다. 이것들은 각각의 규모는 작지만, 그 수는 대단히 많아서, 전체 우주에 수십억 개가 존재한다.

우리은하군의 경우, 우리은하와 안드로메다 은하^{Andromeda galaxy} 그리고 그보다 작은 몇 개의 나선은하들과 30개 정도의 난쟁이은하들로 구성되어 있다. 우리은하군은 아주 밀집되어 있는 구조는 아니지만 그 안에 속해 있는 은하들은 서로 중력에 의해 묶여 있어서 하나의 거대한 구조물을 형성하고 있다. 실제로 안드로메다 은하의 움직임을 관찰해보면, 우리은하에 조금씩 가까워지고 있는 것을 알게 되는데, 이것은 우리은하와 안드로메다 은하가 중력에 의해서 서로 끌어당기고 있다는 사실을 보여준다. 다른 외부은하들이 우주의 팽창 작용에 의해서 우리은하로부터 모두 멀어지고 있는 것을 생각한다면, 우리에게 점점 가까워지는 안드로메다 은하는 우리에게 매우 특별한 은하라고 할 수 있다. 우리은하군은 그 크기가 320만 광년 정도 된다. 이 크기는 우리가 상상할 수 없을 정도로 큰 크기지만, 전체 우주에 비하면 먼지만큼이나 작은 크기다.

은하단 너머

대부분의 은하들은 우리은하군과 같은 비교적 작은(?) 그룹에 속하지만, 천문학자들이 실제로 사용하는 성능 좋은 망원경을 이용해서 하늘을 관찰해보면 훨씬 규모가 큰 은하단들이 많이 발견된다. 우리에게서 가장 가까운 은하단은 처녀자리 은하단인데, 밤하늘에 아주 넓게 퍼져 있으며 여러 개의 별자리에 걸쳐서 존재한다. 그 실제 크기는 500만 광년 정도 되고, 그 안에는 알려진 은하만 해도 수백 개가 존재한다. 이 은하단이 현재의 과학기술로 관찰할 수 있는 가장 멀리 존재하는 천체다.

만약 관측기술이 더욱 발달해서 이 은하단 너머를 볼 수 있다면 어떨까? 이런 은하단들이 여러 개 모여 있는 새로운 구조물들을 발견할 수 있지 않을까? 과학자들은 은하단들이 모여 있는 이러한 구조를 초은하단이라고 부른다. 초은하단은 그 규모가 너무 크기 때문에, 그 안에 있는 은하단들끼리 중력의 영향을 주고받지는 못할 것이다. 하지만 그 은하단들은 서로 흩어져버리지도 않기 때문에, 하나의 초은하단으로서 존재할 수 있다. 우리 은하단은 이러한 초은하단의 한구석에 위치하고 있다.

한편 초은하단은 또 다른 거대한 구조물의 한 부분을 이루는데, 이 구조물을 우주 빈터^{cosmic void}라고 부른다. 가장 가까운 우주 빈터는 그 규모가 3억 광년에 달한다. 그 안에는 수많은 은하들이 존재할 테지만, 실제 우리가 볼 수 있는 것은 그중 극히 일부분이다.

가장 큰 초은하단이나 초은하단의 무리들 중 어떤 것들은 우주 장벽^{Great Wall}이라고 불린다. 처음 발견된 우주 장벽은 그 규모가 7억 5,000만 광년이었는데, 아마도 더 멀리 있는 다른 우주 장벽들은 규모가 더 클 것이다. 사실 이 우주 장벽에 대해서 천문학자들이 알고 있는 것은 많지 않다. 하지만 이를 계속 연구하면 우주의 기원과 우주 전체의 구조에 대해서 더 자세히 알 수 있게 될 것이다.

세이건,
우주를
보여주다!

　1934년 미국 뉴욕에서 태어난 칼 세이건은 시카고 대학에서 천문학으로 박사학위를 받았고, 1970년부터 미국 코넬 대학 천문학과에서 교수로 일했다. 《코스모스》와 《콘택트》의 저자로 널리 알려진 만큼 세이건을 단지 유명한 책의 저자로 알고 있는 사람이 많지만 실제로 그는 뛰어난 천문학자이자 훌륭한 지도자였다. 그가 몸담고 있던 코넬 대학이 태양계 천문학 분야의 최고 자리에 오르고 지금도 천문학도들에게 선망의 대상이 된 데는 그의 역할이 컸다. 특히 행성 표면이나 성간 물질에 존재하는 유기물질에 관한 연구는 그가 개척한 분야라고 해도 과언이 아니다.

　그는 생명의 비밀을 우주적인 관점에서 풀어내는 것에 초점을 맞췄고, 외계의 지적 생명체가 존재한다는 사실을 증명하기 위해 다양한 활동을 했다. 태양계 행성 연구의 권위자로서 NASA의 행성 및 위성 연구 프로젝트와 SETI 프로그램을 주도적으로 이끌었을 뿐만 아니라, 미국 천문학협회 회장을 비롯한 다양한 학술적 활동에도 관심을 갖는 가장 대중적인 학자로 평가받고 있다.

　무엇보다 어려운 과학을 대중들에게 쉽게 소개하는 데 열정적이었다. 그의 대표적인 작품《코스모스》는 수십 년 동안 과학 부문 베스트셀러 목록에 포함되어 있고, TV 다큐멘터리 프로그램으로도 만들어져 전 세계 시청자들에게 우주의 신비로운 모습을 쉽고 친근하게 전달했다는 평가를 받았다. 세이건은 이 책에서 어려운 개념을 쉽고 명쾌하게 설명하는 능력을 마음껏 발휘해, 우주에 대한 사람들의 상상력을 자극한다. 케플러[Johannes Kepler, 1571~1630], 갈릴레오, 뉴턴, 다윈[Charles Darwin, 1809~1882]과 같은 과학자들이 개척해놓은 길을 따라가며, 과거, 현재, 미래의 과학이 이뤄냈고 앞으로 이룰 성과들을 알기 쉽게 풀이해 들려준다. 또한 심오한 철학적 사색을 통해 '과학의 발전'과 우주를 탐구한 인간 정신의 발달 과정으로 재조명하고 있다.

그는 이러한 다양한 업적들을 인정받아 과학, 문학, 교육, 환경 등의 20여 개 분야에서 명예박사학위를 수여받았고, 그의 저작《에덴의 용 [The Dragons of Eden: Speculations on the Evolution of Human Intelligence]》(1977)이란 책으로 뛰어난 문학가에게 수여되는 퓰리처상을 받기도 했다(1978). 한편 한 여성 과학자의 외계인을 찾는 노력을 그린 그의 소설《콘택트》는 영화로 만들어져 미국뿐만 아니라 전 세계에서 선풍적인 인기를 끌었다. 그 영화는 많은 비평가들로부터 '정확한 과학적 지식과 풍부한 문학적 감수성을 함께 갖춘, 세이건만이 만들어낼 수 있는 스토리'라는 평가를 받았다.

또한 세이건이 관심을 가진 분야는 외계의 생명체를 입증하는 것이었다. 천문학자들은 전파 망원경을 이용해 외계 생명체가 보낼지도 모르는 신호를 수신하려 했는데 이것은 세이건도 마찬가지였다. 그는 하버드 대학 물리학과 교수인 폴 호로이츠^{Paul Horowitz, 1942~}와 함께 다채널 외계 탐사용 간섭계^{Megachannel Extra-Terrestrial Assay, META}를 이용한 프로젝트를 진행했는데 이 프로젝트에서는 파장이 21센티미터인 중성수소가 내는 전파를 주로 추적했으며 이를 반복 탐사한 끝에 37군데에서 미심쩍은 전파 신호를 발견하게 된다. 이는 후에 관측 시스템 자체의 잡음이라는 결론이 나왔지만 세이건은 아직 더 연구할 가치가 있다는 결론을 내렸다. 흥미로운 것은 이 신호들이 대부분 은하면에 집중되어 있었다는 점이다. 이 프로젝트는 세계에서 가장 큰 천문단체인 행성학회의 후원을 받아 7년간 이루어졌는데 이러한 후원을 받을 수 있었던 데는 세이건의 역할이 크게 작용했다.

세이건이 자신의 활발하고 다양한 활동을 통해 말하고 싶었던 것은 바로 과학자들이 지식의 전달자가 되어야 한다는 것이다. 과학자들은 일반 대중들에게 진리와 과학의 아름다움을 설명해야 하는데, 이것은 교실에서 할 수 있는 일이기도 하지만, 또 한편으로 대중 매체를 이용하거나 강연을 통해서도 할 수 있다. 과학을 대중적으로 풀어서 많은 사람들에게 사랑받은 세이건은 많은 과학 도서들이 대중들이 이해하지 못하는 말로 쓰여 있어, 그 결과 대중들이 과학을 더 잘 이해하기보다는 과학에 대한 막연한 두려움이나 맹신만을 갖게 된다고 지적한다. 따라서 과학자들은 어렵게 여겨지는 과학의 내용을 쉽고 흥미롭게 포장해서 대중들에게 전달할 의무가 있다는 것이 세이건의 생각이다.

외계의 지적 생명체를
찾아서

지금까지 살펴보았듯이 우주는 신비롭고 새로운 것들로 가득 차 있는 곳이다. 사실 우리 인간이 우주에 대해서 알고 있는 것은 극히 제한적이어서 아직 '아무것도 모른다'고 해도 과언이 아닐 정도다. 이 신비롭고 끝없는 우주가 우리를 끌어당기는 또 다른 이유는, 우주 어딘가에 있을지도 모르는 외계 생명체 때문이다. 밤하늘에 수없이 펼쳐져 있는 모래알같이 많은 별들 중 어딘가에, 우리와 비슷한 모습을 하고 비슷한 생각을 하는 지적 생명체가 산다고 상상해보는 것은 얼마나 우리의 삶을 풍요롭게 하는가? 따라서 수많은 영화와 소설이 외계의 지적 생명체의 존재 가능성에서 영감을 얻고 있는 것이다. 그러나 이것이 영화와 소설에만 국한된 일은 아니다. 영화와 소설에 앞서, 과학자들이 외계의 지적 생명체의 존재 가능성을 진지하게 받아들이고, 막대한 예산과 연구 인력을 들여 그들을 찾아다니고 있다. 또 어떤

SETI 전파 망원경

과학자들은 외계인 탐사를 위한 이론적 지침이나 가이드 라인을 제시하기도 하는데, 이 책의 두 주인공 세이건과 호킹이 대표적인 인물이다. 이 장에서는 과학자 사회에서 논의되고 있는 SETI 프로그램에 대해서 알아보고, 세이건과 호킹이 제시하는 외계인 탐사의 가이드라인을 살펴보도록 하자.

외계인이 존재할 확률 드레이크 방정식

우주 저편에 생명체가 있다고 가정해보자. 한 가지 안타까운 소식은 우리가 그들을 직접 방문하는 것은 거의 불가능하다는 사실이다. 만약 그들이 존재한다고 해도, 우리 과학기술로는 그곳에 도달할 엄두를 내지 못할 만큼 멀리 있을 것이다. 예를 들어 1977년에 발사된 보이저^{Voyager} 1호가 지구를 출발해서 태양계 끝부분에 도달하는 데만 28년이 걸렸다. 따라서 태양계 너머, 우리 은하 너머 광대한 우주로 나아가는 데 걸리는 시간은 상상하기 어려울 만큼 오래 걸릴 것이다. 그럼 어떤 방법으로 우리는 외계 지적 생명체를 찾아내고, 그들과 교류할 수 있을까?

1960년 미국의 천문학자 프랭크 드레이크$^{Frank Drake, 1930~}$는 처음으로 진지하게 외계인과의 접촉을 시도했다. 그는 미국 웨스트버지니아에 지름이 25미터나 되는 전파 망원경을 설치하고, 외계로부터 외계인이 보내고 있을지도 모르는 신호를 잡아내고자 노력했다. 이 전파 망원경은 거대한 위성방송 수신기 모양을 하고 있는데, 드레이크는 이를 통해 우주에 흩어져 있는 태양과 비슷한 특징을 가진 별들을 탐사했다.

비록 드레이크의 프로젝트 자체는 실패했지만, 그가 과학계에 미친 영향은 아주 큰 것이었다. 1961년 SETI에 관한 첫 번째 학회가 열렸을 때, 드레이크는 유명한 공식을 하나 발표하게 된다. 이것이 지금까지 드레이크 방정식$^{Drake equation}$이라고 알려져 있는 것인데, 이것은 우리은하 안에 존재하는 전파를 사용하는 문명의 개수를 구하기 위한 공식이다.

$$N = R^* \times f_p \times n_e \times f_l \times f_i \times f_c \times L$$

N : 우리은하 안에 존재하는 교신 가능한 지적 생명체의 수

R* : 우리은하 안에서 지적 생명체가 발달하는 데 적합한 환경을 가진 별의 생성률

f_p : 그 별들이 행성을 갖고 있을 확률

n_e : 그 행성들 중에서 생명체가 살 수 있는 행성의 수

f_l : 조건을 갖춘 행성에서 생명이 발생할 비율

f_i : 탄생한 생명이 지성체로 진화할 확률

f_c : 그 지성체가 다른 별과 교신할 수 있는 통신기술을 갖고 있을 확률

L : 통신기술을 갖고 있는 고도 문명의 평균수명

드레이크 방정식 그 자체는 무척 매력적이었지만, 과학자들이 이 공식을 통해서 실제로 계산을 하기에는 어려운 점이 너무 많다. 예를 들어 드레이크 방정식의 첫 번째 항인 우리은하 안에 지적 생명체가 발달하는 데 적합한 별들의 대략적인 숫자는 알려져 있지만, 그 별들이 행성을 가지고 있는 비율에 대해서는 전혀 알려져 있지 않다. 그리고 그 비율을 알게 된다고 하더라도 그 행성이 지구와 비슷한 조건일 가능성에 대해서는 여전히 알수 없다. 만약 그 행성이 지구와 비슷한 환경을 가지고 있다면 어떨까? 그럴 경우는 또 그 행성이 지구와 비슷한 진화의 과정을 겪었을 가능성을 따져봐야 하고, 거기서 생명체가 탄생할 가능성을 또 따져봐야 한다. 생명체가 탄생한 뒤에는, 그 생명체가 인간과 비슷한 지능을 가지도록 진화될 가능성을 따져야 하고, 그 뒤에는 그들이 전파를 사용하는 기술을 습득할 가능성을 또

따져야 한다. 이런 식으로 끝없는 조건들이 드레이크 방정식에 들어가기 때문에, 사실상 이것을 이용해서 실제로 외계 문명의 개수를 구하는 것은 불가능하다. 하지만 드레이크 방정식은 외계 지적 생명체를 탐구하는 과학자들이 같은 자리에 모여서 진지하게 토론하고 고민하면서 만들어낸 첫 번째 산물이라는 점에서 그 의의가 크다.

외계 지적 생명체 탐사 프로젝트 SETI

SETI는 어딘가에 존재할지도 모르는 외계 지적 생명체를 탐사하기 위한 프로젝트다. 최근에 진행 중인 대부분의 SETI 프로젝트는 드레이크의 발자취를 그대로 따르고 있다. 즉 드레이크가 했던 것처럼 외계에서 오는 신호음을 탐지해내기 위해서 커다란 전파 망원경을 사용하는 것이다. 물론 망원경의 개수가 다르고 설치된 장소가 다르긴 하지만, 기본적으로 우주에서 날아오는 전파를 탐지하기 위해 전파 망원경을 사용한다.

그런데 왜 하필 전파 망원경인가? 예를 들면 광학 망원경이나 적외선 망원경 또는 엑스레이 망원경은 안 되는가? 거기에는 이유가 있다. 일단 전파는 물리학적으로 가장 빠른 속도인 빛의 속도로 움직이는 신호다. 광대한 우주에서 신호를 보내기 위해서는 일단 그 신호가 물리적으로 가능한 가장 빠른 속도인 빛의 속도로 움직여야 할 것이다. 또 다른 중요한 이유는, 전파가 우주 공간 곳곳에 흩어져 있는 가스나 먼지들을 잘 뚫고 지나갈 수 있기 때문이다. 예를 들어 빛을 신호로 사용하지 않는 이유는, 빛은 먼지나 가스에 산란이나 흡수가 잘되기 때문에 지구를 떠나서 얼마 가지 못해 그 신호가 사라져버릴 것이기 때문이다. 따라서 빛을 사용해서 다른 별에 신호로 보내려면, 엄청나게 많은 양의 빛을 보내야 한다는 어려움이 있다. 하지만 전파를 사용하면 현재 우리가 가지고 있는 기술로도 손쉽게 다른 별에 신호를 보낼 수 있다. 그렇기 때문에 만일 외계 지적 생명체가 우리에게 신호를 보내온다면, 그 신호 역시 전파의 형태로 올 가능성이 가장 높다고 생각할 수 있다. 과학자들은 우주로부터 오는 이 전파를 잡아내기 위해서 지금도 우주의 구석구석을 향해 전파 망원경을 움직이고 있다.

지금까지 진행되었던 SETI 프로젝트 중 가장 정교하게 행해진 것은 피닉스 프로젝트Project Phoenix인데, 이 프로젝트는 1995년부터 2004년까지 캘리포니아의 마운틴 뷰에 있는 SETI 연구소에서 이루어졌다. 이 프로젝트에서는 일반적으로 SETI 프로젝트에서 '목표물 탐사'라고 부르는 작업을 행했는데, 이것은 우주를 막연하게 다 훑어보는 것이 아니라, 외계인이 존재할 가능성이 크다고 여겨지는 몇 개의 별들을 골라서 집중적으로 훑어보는 작업이다. 이러한 별들은 일단 우리 태양계 주위에 존재해야 하고, 태양과 비슷한 특성을 가진 별이어야 한다. 이런 몇 개의 별

들에만 집중함으로써, 피닉스 프로젝트는 훨씬 더 정밀한 탐사를 수행할 수 있었다. 즉, 만에 하나 외계인이 보내고 있을지도 모르는 훨씬 약한 전파도 수신해낼 수 있는 것이다. 피닉스 프로젝트에는 지름이 305미터나 되는 거대한 망원경(아레시보 전파망원경)과 거기에 포함된 수많은 전파 수신기들이 사용되었다.

피닉스 프로젝트 외에도 외계인을 찾아내고자 하는 프로젝트들을 여러 개 더 있는데, 그중에서 SERENDIP이 유명하다. SERENDIP은 '주위의 지적 생명체로부터 오는 외계 전파 송신 탐사Search for Extraterrestrial Radio Emissions from Nearby Developed Intelligent Populations'의 준말로, 미국 버클리의 캘리포니아 주립대학에서 행해졌다. 이 프로젝트의 특징은 망원경을 한 방향으로 고정해놓고, 그 방향에서 오는 모든 신호들을 다 수집하는 방식에 있다. 이렇게 함으로써, 과학자들은 다른 천문학자들이 펄서나 다른 천체들을 연구하는 동안, 동시에 그 망원경을 사용해서 외계인을 탐사할 수 있다. 이러한 방식은 얼핏 보기에는 한두 별에 집중하는 피닉스 프로젝트보다 효율이 떨어질 것처럼 보이지만, 그 단점을 극복하기 위해서 실제로 망원경을 가동하는 시간이 다른 프로젝트에 비해서 많이 길다고 한다.

한편 호주의 뉴사우스웨일스에 위치한 SETI 호주 센터에서는 Southern SERENDIP이라는 프로젝트가 수행되고 있는데, 이 센터는 시드니에서 서쪽으로 수백 킬로미터 떨어진 파크스Parkes에 직경 64미터의 망원경을 설치했다. 이 프로젝트 역시 SERENDIP

프로젝트처럼 다른 천문학자들과 함께 작업하는 프로젝트다.

현재 건설 중인 프로젝트도 있다. SETI 연구소와 캘리포니아 주립대학은 '앨런 텔레스코프 어레이Allen Telescope Array, ATA'라는 전파 망원경을 건설 중인데, 이것은 처음부터 SETI 탐사를 위한 목적으로 설립되는 것이다. 이 프로젝트는 350개의 작은 전파 수신기들을 넓은 공터에 펼쳐놓고, 모두 똑같은 방향으로 향하게 하면서 외계에서 오는 전파를 수신하게 된다. 물론 이 수신기들의 방향을 수시로 바꾸기도 하는데, 이때 350개의 수신기들이 일사불란하게 한 방향으로 움직이도록 설계되고 있다. 지금 계획으로는 2010년경에 완공될 예정이라고 한다.

생명체가 살 수 있는 행성을 찾아서

앞에서 우리은하에 존재하는 지적 생명체가 얼마나 되는지를 알려주는 드레이크 방정식에 대해서 살펴보았다. 이 드레이크 방정식에서 중요한 요소는 태양처럼 행성들을 가지고 있는 별들의 비율이다. 왜냐하면 적어도 우리가 아는 한 태양계에서 생명체가 존재하는 곳은 지구뿐이므로, 생명체가 존재하기 위해서는 지구와 비슷한 환경을 가져야 한다고 생각하기 때문이다. 따라서 만약 태양계 바깥에서 지구와 비슷한 환경을 가진 행성을 찾아낼 수 있다면, 그곳에는 지적 생명체가 존재할 가능성이 매우 높다고 하겠다. 결국 외계인을 찾기 위해서는 행성을 가지고 있는 별을 먼저 찾은 다음, 그 별의 행성들을 탐사해봐야 한다.

천문학자들은 오래전부터 행성을 가지고 있는 별들이 매우 많을 것이라고 믿어왔다. 왜냐하면 별이 탄생하는 과정에서 필연적으로 행성을 구성하게 될 물질들이 많이 만들어지기 때문이다. 이런 물질들은 가스나 먼지로 이루어져 있지만, 곧 작고 단단하게 뭉쳐서 별 주위를 공전하는 행성이 될 것이다.

하지만 실제로 이런 행성을 찾는 작업은 쉽지 않다. 현재의 과학기술로는 우주를 자세히 관찰할 수 있는 능력이 극히 제한적이기 때문이다. 중심에서 핵융합 반응을 일으키며 빛과 열을 발산하는 별들도 작은 점으로 보이거나, 어떤 때는 희미해서 잘 보이지 않는 경우가 많은데, 하물며 별 주위를 맴돌고 있는 돌덩어리들이나 희미한 가스 덩어리를 보는 것은 어떻겠는가?

하지만 천문학자들은 각고의 노력 끝에 실제로 그러한 행성을 발견해내는 데 성공했다. 하지만 그 행성이 발견된 것은 그것이 천문학자들의 눈에 보일 만큼 크거나 밝기 때문은 아니었다. 그것들은 너무 희미하고 너무 작고 너무 멀리 있어서 보이지 않는다. 그들은 간접적인 방법으로 행성을 찾아냈는데, 우선 일정한 주기로 약간씩 어두워졌다가 다시 밝아지는 별들에 주목했다. 행성 자체는 어둡고 희미해서 직접 관찰되지 않지만 이 행성이 공전하다가 별을 가리면, 그 별이 약간 어두워진 상태로 관찰될 것이기 때문이다. 또 다른 방법은 별의 움직임을 유심히 관찰하며 혹시 존재할지도 모르는, 행성의 중력이 별에 미치는 영향을 살펴보는 것이다. 행성이 충분히 크면, 별은 이 행성의 중력으로부터 영향을 받게 될 것이고, 그 결과 행성이 없을 때와는 다른 움직임을 보일 것이기 때문이다. 천문학자들은 이런 방법을 통해서 행성을 가진 몇몇 별들을 확인해냈다.

태양계 바깥에서 처음으로 행성을 발견해낸 천문학자는 스위스의 미헬 마이어[Michel Mayor, 1942~]와 디디에 쿼로즈[Didier Queloz, 1966~]였는데, 그들은 1995년에 그들의 새로운 발견을 학계에 보고했다. 그들이 보고한 행성은 페가수스자리 51번 별[51 Pegasi]이 거느리고 있는 행성이었는데, 놀라운 것은 이 행성은 자신의 태양에 해당하는 페가수스자리 51번 별을 엄청난 속도로 공전하고 있다는 사실이었다. 그 속도가 얼마나 빠른지, 이 행성이 한 번 공전하는 데 걸리는 시간이 4일밖에 걸리지 않았다. 지구가 태양을 한 바퀴 공전하는 데 365일이 걸린다는 사실을 생각하면 이 행성의

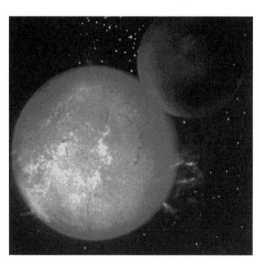

페가수스자리 51번 별

공전 속도가 얼마나 빠른지 짐작할 수 있을 것이다. 따라서 과학자들은 이 행성이 페가수스자리 51번 별과 매우 가깝게 붙어 있어서 공전 궤도가 짧을 것이라는 결론에 도달하게 되었다. 공전 궤도가 짧아야 빠른 시간 내에 그 궤도를 한 바퀴 돌 수 있을 것이기 때문이다. 하지만 이것은 외계인을 찾는 과학자들에게 좋은 소식은 아니었다. 왜냐하면 공전 궤도가 짧다는 것은 별과 가까이 붙어 있다는 뜻이고, 별에서 발산하는 열로 인해서 행성 자체도 매우 온도가 높을 것이기 때문이다. 과학자들은 페가수스자리 51번 행성의 온도가 대략 1,000°C 정도 될 것이라고 생각한다. 이렇게 높은 온도에서는 생명체가 도무지 존재할 수가 없다.

그 뒤에도 천문학자들은 앞에서 언급한 방법을 사용해 여러 행성들을 많이 찾아냈는데, 그 중 어떤 것들은 처음 발견되었던 행성처럼 매우 뜨겁고 자신의 태양과 중력으로 단단하게 묶여 있는 것들이었다. 하지만 천문학자들은 이러한 행성들이 처음 탄생했을 때부터 이런 특성을 가진 것은 아니었을 거라고 생각한다. 처음에는 아주 차갑고 넓은 공간에 흩어져 있던 물질들이 점점 밀집되어서 큰 덩어리를 만들어갔을 것이다. 하지만 이 덩어리가 점점 커짐에 따라 자신의 태양과 중력의 영향을 주고받기 시작하게 되었을 것이고, 그 결과 영원히 그 태양의 행성으로 묶였을 것이다. 그 뒤에는 태양이 보내주는 열을 받아서 온도가 점점 올라가 지금 우리가 관찰하는 것처럼 뜨거운 온도를 가지게 되었을 것이다.

사실, 새롭게 발견되는 대부분의 행성들은 페가수스자리 51번 별의 행성과 달리 자신들의 태양에 단단히 묶여 있지도 않고, 그 주위를 열심히 공전하지도 않는다. 오히려 이것이 태양계 외부에서 지구와 같은 행성의 존재를 찾는 천문학자들에게는 좋은 소식이었다. 새롭게 발견된 행성들의 존재는 처음 발견된 페가수스자리 51번 별의 행성과 달리 지구와 같은 특성을 가진 행성들이 많이 있을 것임을 암시하기 때문이다.

1999년 제프리 마시^{Geoffrey Marcy, 1954~}, 폴 버틀러^{Paul Butler} 등의 과학자들은 입실론 안드로메다^{Upsilon Andromedae}라는 별의 움직임을 세심하게 관찰한 결과, 이 별이 큰 행성을 하나도 아니고 세 개나 가지고 있다는 사실을 알아냈다. 지구에서 44광년 떨어져 있는 이 입실론 안드로메다계(입실론 안드로메다 별과 그 행성들)는 우리 태양계와 비슷한 모양을 하고 있는 외부 태양계로는 처음 발견된 것이다. 그 행성들 자체는 매우 무거워서 목성 질량과 비슷하거나 그보다 더 무겁지만, 중요한 사실은 그것들이 별에 단단하게 묶여 있는 것은 아니라는 사실이다. 바깥에 있는 두 행성의 공전 궤도는 금성과 화성의 그것과 비슷한 정도로 별과의 거리를 유지하고 있고, 따라서 그 환경도 금성이나 화성과 비슷할 가능성이 매우 높다.

앞에서 이야기했듯이 새로운 행성을 발견하는 것은 결코 쉽지 않다. 그것은 많은 과학자들의 끝없는 인내와 세심한 관찰을 필요로 한다. 하지만 이렇게 발견된 행성들 중에서 생명체가 존재할 가능성이 있는 것들을 골라내는 일도 또한 쉬운 일은 아니다.

왜냐하면 과학자들은 생명체가 존재하기 위해서는 액체 상태로 존재하는 물이 필수적이라고 생각하는데, 앞에서 보았던 페가수스자리 51번 별의 행성과 같이 높은 온도를 가진 행성에서는 물이 모두 끓어 기체가 되어버렸을 것이고, 또 온도가 낮은 행성에서는 물이 모두 얼어 얼음이 되어버렸을 것이기 때문이다. 만약 이런 행성들이 보편적인 성질을 가진 행성이라면, 외계인을 찾는 일은 그만큼 어려워질 것이다.

하지만 절망할 필요는 없다. 새로운 행성을 찾는 데 사용하는 과학자들의 기술은 날로 발전해서, 새로운 행성들이 속속 발견되고 있기 때문이다. 어떤 사람들은 이렇게 행성을 찾는 작업을 '헬리콥터를 타고 아프리카 초원을 탐사하는 것'에 비유하기도 한다. 헬리콥터를 타고 아프리카 초원 위를 날면, 사자나 기린과 같은 큰 동물은 쉽게 발견되지만, 쥐나 모기를 발견하는 것은 불가능에 가까울 것이다. 마찬가지로, 여태까지 덩치가 크고 뜨거운 행성들이 많이 발견된 것은 이런 행성들이 대부분이기 때문이라기보다는 단지 발견되기 쉬운 특징을 가지고 있기 때문이라고 볼 수 있다. 그리고 기술이 점점 발달함에 따라, 지금까지는 발견하기 어려웠던 행성들도 더 많이 발견될 것이다.

NASA는 2007년에 케플러 호 Kepler Mission를 우주에 띄워 올릴 계획이다. 이 케플러 호는 우주 공간에 설치된 망원경의 역할을 하게 되는데, 여태까지 발견되지 않았던 작은 행성들이 실제로 우주에 많이 존재하는지의 여부를 알아내는 임무를 띠고 있다. 이 망원경은 4년 동안 우주를 응시하면서 10만여 개의 별들을 관찰할 예정으로, 이 중에서 주기적으로 어두워지는 별들을 가려내 행성의 존재 여부를 알아낼 것이다. 이 케플러호가 지구와 비슷한 크기의 행성들을 많이 발견해내기를 기대해본다.

ET의 방문 UFO의 사례

UFO^{unidentified flying object}에 대한 사례들은 사실 너무나 많다. 하지만 대부분의 사례들은 조작된 것으로 결론 나는 경우가 많다. 우주선이라고 생각했던 물체가 사실은 구름이 만든 그림자였다거나, 멀리 날아가는 새였던 것으로 밝혀진 경우도 많다. 하지만 지금 언급하는 몇 가지는 많은 과학자들이 UFO의 진짜 사례로 진지하게 받아들이는 것들이다.

1952년 1월 22일 오전 12시 10분 미국 알래스카 _ 공군 기지에서 가동하고 있는 레이더에 강한 신호가 포착되었다. 그것은 아주 높은 고도에서 시간당 2,400킬로미터의 속도로 북동쪽에서 남서쪽으로 날아가고 있었다. 이 비행물체의 정체를 확인하기 위해서 3대의 제트 전투기들이 남쪽으로 160킬로미터 떨어진 곳으로부터 이륙해서 그 비행물체가 발견된 장소로 날아갔다. 하지만 어떤 조종사도 그 비행물체를 직접 관찰하지는 못했다.

1967년 5월 13일 오후 8시 40분 미국 콜로라도 _ 구름이 잔뜩 끼었고 간간히 소나기도 내리며 심한 돌풍이 부는 날씨였다. 브래니프 항공사^{Braniff Airlines}의 비행기가 활주로에 착륙하려고 할 때, 지상 레이더에서는 그 항공기 위로 이상한 물체를 발견했다. 비행기가 착륙함에 따라, 이 물체는 동쪽으로 이동하기 시작해서 비행기 위를 스치듯이 지나갔다. 그 물체는 비행 고도는 60미터 정도밖에 되지 않았고, 관제탑으로부터 2.5킬로미터 정도 떨어져 있었다. 레이더를 주시하던 관제사는 레이더의 신호를 확인하고 깜짝 놀라 즉시 바깥을 바라봤지만, 아무것도 보이거나 들리지 않았다. 브래니프 항공기 뒤 5킬로미터 위치에서 비행하고 있던 다른 조종사도 아무것도 보지 못했다고 증언했다. 이것은 레이더에 포착된 미확인 비행물체의 사례 중 가장 궁금증을 자아내는 사례로 여겨지고 있다.

1952년 8월 5일 오후 11시 30분 일본 도쿄 하네다 공군 기지 _ 그날 밤은 구름 한 점 없는 맑은 밤이었다. 지상에 있던 몇 사람들이 북동쪽 하늘에서 밝은 빛을 내는 둥근 물체를 육안으로 관찰했는데, 전파 탐지기를 사용해서 그 물체를 관찰한 조종사는 그것이 밝은 별처럼 보였다고 증언했다. 하지만 지상 레이더는 어떠한 물체도 포착할 수 없었다. 밤 11시 50분경, 전투기 한 대가 레이더에서 그 물체를 다시 포착했다. 하지만 조종사는 육안으로 아무것도 볼 수 없었고, 그 물체는 1분 30초 뒤에 사라졌다.

그 물체의 추정 속도는 매우 빨랐다.

1958년 오후 6시 30분 미국 미네소타의 작은 마을 _ "제 아내와 저는 저녁 식사를 막 끝냈죠. 저는 밖으로 나와서 정원에 물을 주기 시작했습니다. 태양은 수평선 밑으로 졌지만 서쪽 하늘은 소나기 뒤라서 황금색으로 빛나고 있었죠. 그때 남서쪽 하늘에 매우 큰 소나기구름이 보였습니다. 저는 윙윙거리는 소음을 들었는데, 그 소리가 이웃집 사람이 톱질을 하는 소리라고 생각했습니다." 이 익명의 제보자에 따르면, 처음에는 톱질 소리처럼 들리던 그 소리가 점점 커져서, 남서쪽 하늘에서부터 점점 자신의 위치로 접근해오는 것처럼 느껴졌다. 하지만 그 소리는 제트기 소리와는 전혀 달랐다. 그는 깜짝 놀라 위를 쳐다보았는데, 그때 이 물체는 소나기구름 뒤쪽에서부터 나와서 비행하고 있었다. 제보자의 아내도 이 물체가 사라지는 뒷모습을 같이 보았다고 증언했다. 그 사람은 자신이 본 물체를 스케치해서 지역 신문사에 보냈는데, 그 물체는 나선형 글라이드 같은 모양에 은빛을 발하고 있었으며, 지름이 45미터 정도 되었다고 한다.

1967년 9월 22일 오후 8시 30분 프랑스 그라브와 _ 한 가톨릭 신부는 다름과 같이 증언했다. "저는 UFO의 존재에 대해서 매우 회의적인 사람이었기 때문에 제가 그런 것을 관찰할 일은 없을 거라고 생각했습니다. 하지만 제가 그것을 보았다는 사실 역시 부인할 수 없군요. 저는 그라브와 외곽 5킬로미터 지점에 있는 베르살레로부터 남쪽으로 걸어오고 있었어요. 그때 큰 포도송이 정도의 크기를 가진 밝은 빛을 목격하게 되었습니다. 이 빛은 매우 밝았고 낮은 고도에 있었기 때문에, 저는 그게 지상에서 발사된 어떤 빛이 차창에 반사된 것이 아닌지 의심했습니다. 그래서 창을 내렸죠. 하지만 그 빛은 여전히 거기에 있었습니다. 그래서 저는 차를 길옆에다 세우고 그 빛을 자세히 쳐다보았어요. 그 빛은 그리 멀리 있지 않았고, 저는 15분 동안이나 그 빛을 쳐다보았죠. 저 말고도 다른 차들이 그 호숫가 주위를 많이 지나갔지만, 놀랍게도 그 사람들은 빛에 관심을 가지지 않았어요. 그냥 자기 갈 길만 갔죠. 잠시 뒤에, 그 빛은 움직이기 시작했습니다. 하지만 일정한 모양으로 움직이지는 않았어요. 그것은 원을 그리며 돌더니 결국 북서쪽으로 움직이기 시작했고, 다시 북쪽으로, 그리고 다시 북동쪽으로 움직였어요. 제 옆으로 1.5킬로미터쯤 지점에 다른 사람들이 있었는데, 제가 그들에게 제가 본 것에 대해 말하자 자신들도 보았다고 했습니다. 저는 15분 동안이나 그것이 정지해 있는 걸 보았죠. 시간을 재기까지 했는걸요. 그것은 비행기가 움직이는 것보다 훨씬 빠른 속도로 움직였습니다. 그것은 절대로 비행기가 아니었어요. 색깔은 밝은 노란색이었고, 일정한 모양은 없었지만 제 생각에 편평한 몸체의 윗부분에 돔이 있는 것 같았어요."

위의 사례들은 수많은 UFO 목격 사례들의 극히 일부분이다. 그렇다면 그것들의 정체는 과연 무엇일까? 그리고 만약 그것들이 정말 외계인의 우주선이라면, 그들은 어떻게, 그리고 어떤 목적으로 우리 지구에 왔을까? 이러한 질문들을 진지하게 탐구하는 과학자들은 함께 모여서 심포지엄을 열기도 하고, 연구 사례를 발표하기도 한다. 그 대표적인 심포지엄이 1969년 12월 26일과 27일, 미국 매사추세츠의 보스턴에서 열렸던 UFO 심포지엄이 었는데, 이 심포지엄은 미국 과학진흥협회American Association for the Advancement of Science, AAAS가 지원했다. 여기서 많은 사람들이 UFO 목격 사례와 연구 결과를 발표했는데, 이것이 촉발제가 되어 과학자 사회에서 UFO에 대한 체계적인 연구가 시작됐다.

외계인들은 우리보다 훨씬 뛰어난 과학기술을 가지고 있어서, 우리가 상상할 수 없을 만큼 빠른 우주선을 보유하고 있을지도 모른다. 그래서 우리가 1,000년 넘게 걸려야 갈 수 있는 먼 거리를 그들은 단 하루의 비행으로 갈 수 있을지도 모른다. 이런 뛰어난 과학기술을 가진 외계인들이 지구를 수없이 많이 방문해왔고, 지금도 방문하고 있다고 생각하는 사람들이 많다. 이런 사람들은 그 정체가 확실히 밝혀지지 않은 수많은 UFO가 외계인들이 타고 온 우주선이라고 생각한다. 실제로 과학자들 사이에서도 이 문제는 뜨거운 논쟁거리가 되고 있는데, 그 논쟁의 요지는 과학적으로 입증이 불가능한 현상을 어떻게 받아들이느냐 하는 것이다. 만약 UFO가 실재한다고 하더라도, 현재로서는 그 정체를 과학적으로 입증하는 것을 불가능하다. 우리가 가지고 있는 증거라는 게 희미하게 보이는 한 장의 사진이거나 레이더에 잠시 포착된 이상한 신호뿐인 경우가 대부분이기 때문이다. UFO가 외계에서 온 우주선이라고 입증할 수 있는 구체적인 증거는 그 어디에도 없다. 하지만 또 한편에서 UFO가 외계인의 우주선이라고 주장하는 과학자들은 외계의 지적 생명체의 존재를 가정하면 UFO에 대한 의문들은 너무나도 쉽게 풀린다는 입장이다. 따라서 그들은 '외계인의 존재'라는 가설을 통해서 UFO 현상을 설명하고자 한다. 지금도 양쪽의 입장을 취하는 과학자들은 뜨거운 논쟁을 계속하고 있다.

세이건과 외계 가설

세이건은 우주 생명체에 대한 연구에서도 선구자적인 역할을 담당해 우주생물학°이라는 새로운 학문 분야를 개척하기도 했다. 하지만 그는 UFO가 외계에서 온 외계인의 우주선일 것이라는 가설(이것을 줄여서 '외계 가설'이라고 부른다)에 대해서는 부정적이었다. 외계인에 대해서 그렇게 깊은 관심을 가지고 연구했던 그가 UFO에 대해서는 부정적이었다는 사실은 이상하게 들리기도 한다. 하지만 이것은 세이건 자신이 생각하는 올바른 과학적 태도와 관계가 있는 것이었다.

세이건이 외계 가설에 대해서 부정적이었던 이유를 좀 더 자세히 살펴보기 전에, 이와 비슷한 가설을 한번 살펴보자. 그 대표적인 예는 산타클로스 가설이다. 전 세계 어린이들은 크리스마스이브가 되면 흥분과 설렘으로 잠자리에 든다. 그리고 다음 날 아침에 자신이 매달아놓은 양말 속에 자신이 기대했던 크리스마스 선물이 들어 있음을 발견한다. 물론 그 선물은 그 아이의 부모나 다른 사람들이 사서 그 양말 속에 넣어둔 것이지만, 그 사실을 알지 못하는 아이들은 정말로 산타클로스가 선물을 가지고 왔다고 믿는다. 이것이 바로 산타클로스 가설이다. 아이들은 정확하게 알지 못하는 크리스마스 선물의 원인을 설명하기 위해서 산타클로스라는 가공의 인물을 가설로 설정한 것이다. 하지만 이 아이들이 조금이라도 과학적인 마인드를 가지고 있다면 자신이 받은 선물이 산타클로스로부터 온 것이 아니라는 사실을 금방 확인할 수 있다. 산타클로스 가설에 의하면, 크리스마스이브 밤에 대략 8시간 정도의 시간이 산타클로스에게 주어져 있는데(왜냐하면 산타클로스는 어린이들이 잘 때 양말 속에 선물을

우주생물학
우주 안에서의 생명의 기원과 발전, 생명체의 적응 등에 대해 밝히는 생물학의 한 분야. 지구 밖에 생명체가 존재하는지의 여부와 생명체가 존재할 수 있는 천체의 환경이나 진화 단계 등을 조사하고 이를 지구상에 존재하는 생명체와 비교·종합함으로써 지구 생물이 우주 환경에 적응하는 방법 등을 연구한다.

집어넣어야 하기 때문에, 밤에만 돌아다닌다), 이때 산타클로스는 미국에서만 대략 5,000만 가정을 돌아다녀야 한다. 그런데 한 집에서 1초만 머무른다고 가정해봐도, 산타클로스가 이 집들을 다 돌아다니는 데는 꼬박 3년이 걸린다. 따라서 자신을 포함한 모든 '착한' 어린이들의 집을 산타클로스가 하룻밤 동안 방문했다는 가설은 쉽게 거짓으로 밝혀질 것이다.

세이건은 외계 가설 역시 이와 비슷한 현상이라고 주장한다. 정체가 확실하지 않은 어떤 비행물체가 있을 때, 그것이 외계인이 타고 온 우주선이 맞을 확률을 따져보면 어떨까? 우리는 이미 드레이크 방정식을 가지고 있어서 대략적인 계산을 해볼 수 있다. 앞에서도 살펴보았듯이, 그 가능성은 대략적으로 계산해봐도 극히 낮다. 우리은하에 존재하는 외계인의 종류 N은 대략 다음과 같은 요소들에 의존한다. 우선 우리은하 내에 존재하는 별들의 개수다. 이것은 비교적 잘 알려져 있다. 그 다음에는 이 별들이 행성을 가지고 있을 확률인데, 지금까지 알려진 바에 따르면 그 수치를 가장 높이 잡아도 3%정도밖에 되지 않는다고 한다. 그리고 이런 행성이 지구와 같은 온도, 압력, 물의 존재 여부 등의 조건을 가지게 될 확률은 다시 0.1%로 줄어든다. 여기서 벌써 N의 값은 0.03%로 떨어진다. 하지만, 문제는 여기에다가 이 행성에서 우연히 생명체가 만들어질 확률, 그 생명체가 진화를 거듭해서 지적 생명체가 탄생하게 될 확률, 이 지적 생명체가 우주선을 만들어서 우리 지구에 올 확률, 이 우주선이 지구인의 레이더나 맨눈으로 확인될 확률 등을 다 따지면, 그 값은 거의 0에 가까워진다. 따라서 외계 가설을 지지하기에는 그 확률이 너무 낮아서 받아들이기 어렵다는 것이 세이건의 주장이다.

그럼에도 불구하고, 사람들이 UFO를 외계인이 타고 온 우주선이라고 믿고 싶어하는 이유는 무엇인가? 세이건은 그 이유를 인간의 마음 깊이 뿌리내리고 있는 비과학과 사이비 과학에 대한 맹신에서 찾는다. 결국 외계 가설을 믿는 사람들은 비과학이나 사이비 과학에 현혹되어 있다는 것이다.

하지만 세이건이 외계인의 존재 자체를 부정하는 것은 아니다. 그는 외계 가설보다 훨씬 과학적이고 객관적인 방법으로 외계의 지적 생명체를 찾기를 원했다. 그 과학적이고 객관적인 방법은 결국 SETI 프로젝트를 통한 정보의 수집인데, 세이건은 이것을 자신의 소설 《콘택트》에서 잘 묘사했다. 영화로도 개봉되어 세계적인 흥행에 성공한 이 소설에서 세이건이 보여주고자 했던 것은 외계의 생명체를 탐구하는 올바른 모습이 어떤 것인가 하는 것이었다. 그것은 미신이나 사이비 과학 또는 신비주의에 의존하거나, 정확한 증거 없이 UFO를 외계인의 우주선이라고 단정짓는 성급한 모습이 아니라, 우리가 활용할 수 있는 기술과 지적 능력을 최대한으로 활용하면서 차근차근 진리를 향해 나아가는 모습이다. 세이건은 그 길이 비록 더딜지는 몰라도, 우리에게 가장 객관적이고 확실한 결과를 가져다줄 것이라고 믿었다.

호킹은 세이건과는 다른 방식으로 외계인의 가능성에 대해서 논의했다. 그는 외계인의 존재 가능성에 대해서 논의하기 위해 '인간 원리anthropic principle'라는 것을 고려해보기를 제안한다. 따라서 호킹의 설명을 이해하려면 우선 인간 원리가 무엇인지부터 알아봐야 한다.

인간 원리에 의하면, 우주가 인간이 살기에 적합한 조건을 갖추고 있는 것은 우연히 일어난 일이 아니라 필연적인 이유 때문에 일어난 일이다. 왜 그럴까? 우주는 아주 거대하고 복잡한 시스템인데, 그 안에는 여러 가지 힘과 물질들이 균형을 이루며 존재한다. 그런데 재미있는 것은, 이 힘이나 물질들과 같은 것은 이 우주에 필연적으로 있어야 할 것들은 아니다. 예를 들어 중력이 존재하지 않는 우주나 질소가 없는 우주를 우리는 상상할 수 있다. 그런 의미에서 이런 것들은 우연적인 진화의 산물이라고 할 수 있다. 하지만 만약 중력이나 질소가 없었다면 실제로 어떤 일이 일어날까? 다른 것은 제쳐두고라도, 당장 우리 인간이 존재할 수 없었을 것이다. 우리 인간은 중력의 영향하에 형성된 우주에서, 그리고 질소가 중요한 성분으로 포함되어 있는 우주에서 탄생했고, 지금도 그런 우주에서 존재하고 있기 때문이다. 그런 의미에서 인간의 관점에서 보면, 우주가 지금과 같은 조건을 가지고 있는 것은 우연이 아니라 필연이라고 할 수 있다. 만약 우주가 지금과 다른 조건을 가지고 있었다면, 우리 인간은 존재 자체가 불가능했을 것이기 때문이다.

이 인간 원리는 다시 몇 개의 다른 세부 내용들로 나뉘는데, 여기서는 호킹이 제안하는 인간 원리만을 살펴보도록 하겠다. 호킹이 제안하는 인간 원리는 '약한 인간 원리weak anthropic principle' 라고 불리는 것으로, 이에 의하면 시간과 공간이 광대하고 무한한 우주 안에서 지적인 생명체가 발달할 수 있도록 하는 필수적인 조건들은 시간과 공간에 극히 제한적인 특정 지역에서만 충족된다. 예를 들어 우리 인간이 속해 있는 지역에서는 그런 조건들이 모두 충족되었기 때문에 인간이 탄생할 수 있었을 것이고, 그런 조건이 충족되지 못하는 대부분의 다른 지역에서는 지적 생명체가 탄생할 수 없을 것이다. 따라서 그 속에 사는 지적 생명체, 예를 들어 인간은 자신이 속해 있는 지역이 그러한 조건을 충족시키는 것을 당연하게 생각해야 한다. 그리고 그 지역 이외의 다른 지역에서 지적 생명체가 발견되지 않는 것 역시 당연하다. 왜냐하면 그런 지역은 지적 생명체가 발달할 수 있는 조건이 충족되지 않았기 때문이다. 호킹은 이것을 "부자 마을에 사는 어떤 부자가 동네를 돌아다니면서 발견하는 사람들이 모두 부자인 것과 똑같다"라고 이야기한다. 그 사람은 부자 마을에 살기 때문에, 즉 부자들을 발견할 수 있는 조건이 충족되어 있는 곳에 살기 때문에 부자들만 발견하는 것이다. 그가 가난한 사람을 발견하지 못하는 것은, 우연이 아니라 필연이다. 가난한 사람들은 그

마을에 살지 않기 때문이다.

따라서 이러한 인간 원리를 받아들이는 호킹에게 외계의 지적 생명체의 존재 가능성은 그다지 높지 않다. 인간 원리의 조건을 충족시켜줄 수 있는, 우주의 다른 지역이 존재한다는 보장이 없기 때문이다. 적어도 우리가 아는 한, 아직 우리가 사는 곳 이외에 그런 지역은 없다. 하지만 이것이 외계의 지적 생명체의 존재 가능성을 부인하는 것은 아니다. 우리가 아직 발견하지 못했다고 하더라도, 여전히 인간 원리를 충족시켜주는 우주의 다른 지역들은 존재할 수 있기 때문이다.

UFO와 관련해서 호킹의 입장은 좀 더 회의적이다. 호킹은 UFO가 외계의 지적 생명체가 타고 온 우주선이라고 주장하는 이른바 '외계 가설'은 그 가능성이 희박한 것이라고 생각한다. 인간 원리에 의해서 외계의 지적 생명체가 존재하는 것 자체가 가능성이 희박하고, 설령 그들이 존재한다고 하더라도 우리 지구를 방문하기에는 너무 멀리 있을 것이기 때문이다. 그들이 우리 지구를 방문하려면 우리가 상상할 수 없을 정도의 높은 수준의 기술을 필요로 하는 것이 틀림없지만, 그런 기술을 습득할 만큼 오랜 진화의 역사를 가지고 있는 생명체는 인간 원리에 의해서 존재하기가 쉽지 않다는 것이다. 왜냐하면 인간 원리는 우주의 특정한 장소뿐만 아니라 특정한 시간에 대해서도 제약을 가하는데, 예를 들어 우리 인간이 그런 기술을 습득할 단계가 될 때까지 생존하려고 하면, 이미 우주의 여러 조건들이 변해서 더 이상 인간이 존재할 수 없을 가능성도 있기 때문이다. 그리고 이 것은 외계의 지적 생명체에 대해서도 마찬가지다. 그들이 진화의 특정 단계에 있는 한, 그들이 무한한 시간 동안 계속 존재하리라는 것을 기대하기는 어렵고, 그렇다면 그들의 기술 역시 한계가 있을 것이 틀림없기 때문이다. 따라서 지금으로서는 외계의 지적 생명체가 UFO를 타고 지구를 방문하는 일이 공상과학 영화에서나 가능한 일일 것 같다.

시간의 화살

과학 이론과 시간의 방향

우리는 앞에서 우주가 어떻게 생겨났으며, 현재 어떤 모습을 하고 있고, 앞으로는 어떻게 될 것인가를 대략적으로 살펴보았다. 우주는 대폭발에 의해 탄생했으며, 팽창하면서 진화를 거듭해서 오늘날에 이르렀고, 앞으로 우주 스스로의 법칙에 따라서 변해갈 것이다. 여기서 한 가지 중요한 질문이 제기된다. 이러한 변화의 순서는 불가피한 것인가? 즉, 다른 순서로 우주가 변해갈 수는 없는가? 예를 들면, 우주가 먼저 대수축으로 없어진 다음에 현재의 우주의 모습이 존재하고, 그 다음에 대폭발이 일어날 수는 없는가?

　사실 이러한 우주의 변화를 상상하기는 어렵지 않다. 이제 우리가 영화감독이 되어서 우주의 역사를 필름에 담는다고 생각해보자. 영화의 제일 첫 부분에 대폭발이 올 것이고, 그 다음에 현재의 팽창하는 우주가 올 것이다. 그리고 그 뒤에는 우주의 마지막에 해당하는 어떤 사건들, 이를테면 대수축과 같은 사건들이 존재할 것이다. 이제 이 필름을 거꾸로 돌리면서 그 화면을 본다고 생각해보자. 그러면 우주의 역사는 반대로 움직이는 것처럼 보일 것이다. 우선 제일 처음 우리가 관찰하게 되는 것은 대수축일 것이고, 그 다음에 수축하는 우리 우주의 모습을 보게 될 것이다. 그 다음에는 대폭발이 일어난다.

필름을 거꾸로 돌리면서 볼 때 관찰할 수 있는 이러한 일들이 실제로 일어나기 위해서는 시간이 거꾸로 흘러야 할 것이다. 즉, 시간이 우리가 생각하는 방향인 과거에서 현재로, 그리고 현재에서 미래로 흐르는 방향이 아니라, 그 반대인 미래에서 현재로, 그리고 현재에서 과거로 흐른다면 위에서 묘사한 현상을 우리가 직접 관찰할 수 있을 것이다. 하지만 실제 그런 일이 일어나기를 기대하는 것은 어렵다. 왜냐하면 우리 마음 깊은 곳에는 시간이 특정한 방향으로만 흐른다는 사실에 대한 믿음이 자리잡고 있기 때문이다. 시간이 거꾸로 흐르는 것은 영화나 소설에서나 가능한 이야기지 어떻게 그것이 실제 세계에서 가능하다고 생각할 수 있겠는가?

이런 시간의 방향성은 우리 주위에서 보편적으로 관찰된다. 예를 들어 냉장고의 냉동실에서 얼음을 꺼내서 방 안의 컵 안에 놓아두면 이 얼음을 서서히 녹아서 물이 될 것이다. 이것을 비디

오카메라로 촬영해서 거꾸로 돌리면, 컵 안에 있던 물이 서서히 얼음으로 바뀌어가겠지만, 시간이 거꾸로 흐르지 않는 한 실제로 이런 일은 일어나지 않는다. 또 다른 예는 물이 들어 있는 컵 속에 잉크 방울을 떨어뜨렸을 때 관찰할 수 있다. 물 안에 떨어진 잉크 방울은 서서히 물 전체로 확산되어간다. 하지만 물 전체로 확산되어 있던 잉크 방울이 다시 한곳으로 서서히 모여드는 일은, 시간이 거꾸로 흐르지 않는 한 절대로 일어나지 않는다. 우리 주위에 존재하는 일정한 방향성을 가지는 물리 현상들은 모두 시간과 관계가 있어서, 시간이 한쪽 방향으로만 흐른다는 사실을 강력히 지지해준다.

하지만 물리학에서는 이러한 현상들에 대한 또 다른 이야기가 존재한다. 그것은 이러한 현상들이 반대로 일어나는 것이 물리학적으로 불가능하지 않다는 것이다. 예를 들어 컵 안에 있던 물이 주위로 서서히 에너지를 빼앗기면서 얼음으로 변해가는 현상은, 실제로 우리가 관찰할 수 없는 현상이기는 하지만 물리학적으로 불가능한 현상은 아니다. 그리고 물 전체에 퍼져있던 잉크 방울이 서서히 한 점으로 모여드는 것 역시 관찰할 수 없기는 하지만 불가능한 일은 아니다. 시간이 과거에서 미래로 흐를 때 일어날 수 있는 일에 대해서, 그 반대의 일, 즉 시간이 미래에서 과거로 흘러야 일어날 수 있는 일들이 불가능한 것은 아니라는 얘기다. 물리학자들은 이러한 현상을 시간 역 불변$^{time reversal invariant}$ 이라고 부른다. 즉, 이러한 것들은 시간의 방향과 상관없이 항상 성립하는 물리 법칙이다. 시간 역불변은 물리학 법칙에서 발생하는 아주 보편적인 현상이다. 우리가 학교에서 배우는 대부분의 물리 법칙들은 시간 역불변이다. 예를 들어 뉴턴의 제2법칙인 힘과 질량과 가속도의 관계에 관한 법칙은 시간 변수 t가 양의 값을 가지든 음의 값을 가지든 상관없이 항상 성립한다. 다시 말해서 시간이 과거에서 미래로 흐르든, 미래에서 과거로 흐르든 상관없이 성립한다는 이야기다. 이러한 시간 역불변은 시간이 거꾸로 흐를 수도 있다는 사실을 암시한다. 이에 대해 하나의 중요한 예외가 있는데, 이것이 바로 열역학 제2법칙*이다.

 열역학 제2법칙과 시간의 방향

열역학 제2법칙*은 일명 엔트로피entropy의 법칙으로도 알려져 있다. 그 내용은 이 우주의 엔트로피는 항상 증가한다는 것이다. 이 법칙을 이해하기 위해 우선 엔트로피가 무엇인지 먼저 살펴보자.

엔트로피라는 개념은 1865년 독일의 이론물리학자 루돌프 클라우지우스Rudolf Clausius, 1822~1888에 의해 제일 먼저 사용되었다. 하지만 그가 처음에 사용한 엔트로피라는 개념

◢ 열역학 제2법칙

뜨거운 물체와 차가운 물체를 접촉시켰을 때, 열은 항상 뜨거운 쪽에서 차가운 쪽을 향해서 흐르며 반대 방향으로는 변화가 일어나지 않는다는 것을 정식화한 법칙.

은 수학적으로 정의된 것이라서 이해하기가 쉽지 않으며, 직관적으로 잘 와 닿지도 않는다. 따라서 클라우지우스가 처음 제안했던 엔트로피의 정의 방식을 따르기보다는, 그 뒤에 많은 사람들이 설명한 확장된 엔트로피에 대해서 알아보려 한다. 이제 다음과 같은 상황을 생각해보자.

초등학교 운동장의 한구석에 아이들 100명이 모여 있다. 이제 이 아이들에게 아무런 제약 없이 운동장 어디에서나 놀 수 있도록 해준다면, 이 아이들은 운동장에 어떻게 분포하게 될까? 아마 우리가 기대하는 대로, 아이들은 운동장 여기저기에 흩어져서 놀게 될 것이다. 처음에는 한구석에 모여 있었지만 그 상태는 오래 지속되지 않는다. 또한 아이들이 아무렇게나 흩어져서 놀고 있는데, 우연히 아이들이 한복판에만 집중적으로 모이게 되는 일도 잘 일어나지 않는다. 이렇게 아이들이 한복판이나 한구석에 집중적으로 모이게 될 때, 우리는 그 상황을 '질서도가 높다' 또는 '무질서도가 낮다'고 표현한다. 반면 아이들이 운동장 여기저기에 흩어져서 놀고 있을 때 '질서도가 낮다' 또는 '무질서도가 높다'고 표현한다. 즉, 아이들을 마음대로 운동장에서 놀게 하면, 처음에는 무질서도가 낮더라도 나중에는 점점 무질서도가 높아지게 된다. 이 무질서도가 사실은 엔트로피와 같은 개념이다. 즉, 무질서도가 증가하는 것을 물리학적으로는 엔트로피가 증가한다고 표현한다.

또 다른 예를 들어보자. 두 개의 방이 서로 맞닿아 있는데, 그

엔트로피의 증가의 법칙 | 열은 높은 온도에서 낮은 온도로 흐르고 물컵에 떨어진 잉크 방울이 항상 퍼지는 것처럼 모든 물질과 에너지가 질서 있는 것에서 무질서한 것으로 바뀐다는 에너지의 방향성에 관한 법칙을 말한다.

방 사이에는 조그마한 구멍이 뚫려 있다. 이제 한쪽 방의 구석에 어떤 기체 분자들이 존재한다고 가정해보자. 이 기체들은 운동 에너지를 가지고 있어서 자유롭게 운동하며 확산할 수 있다. 따라서 기체들은 한쪽 방의 한구석에 가만히 머무르기보다는 구멍을 통해서 다른 쪽 방으로 확산되어갈 것이다. 이때 기체들이 한쪽 방의 한구석에 가만히 머물러 있는 상태는 무질서도가 낮은 상태, 또는 엔트로피가 낮은 상태이고, 다른 쪽 방으로 확산되어 양쪽 방에 골고루 분포하게 되는 상태는 무질서도가 높은 상태,

또는 엔트로피가 높은 상태라고 표현할 수 있다. 이 기체의 경우에도 기체가 확산해가면서 엔트로피가 낮은 상태에서 높은 상태로 변해가는 것이다.

위의 두 예에서 살펴보았듯이, 인위적인 조작을 가하지 않은 물리계에서는 엔트로피가 증가하는 것이 자연스러운 현상이다. 물론 엔트로피가 감소하는 것이 물리학적으로 불가능한 것은 아니다. 아이들이 우연히 운동장의 한복판에 집중적으로 모일 수도 있고, 양쪽 방에 골고루 분포하던 기체 분자들이 자유롭게 운동하다가 어느 시점에 우연히 한쪽 방으로만 다 모이게 될 수도 있다. 하지만 우리가 이런 현상을 실제로 관찰하지는 못한다. 열역학 제2법칙 또는 엔트로피 증가의 법칙은 우리가 왜 이런 현상을 관찰하지 못하는지에 대해서는 설명하지 않는다. 다만 경험적으로 보았을 때 엔트로피가 항상 증가한다고 말해줄 뿐이다. 그 원인에 대해서는 조금 뒤에 다시 논의하기로 하자.

이제 다른 물리 법칙들이 시간 역불변이었던 것과 달리, 열역학 제2법칙이 시간 역 가변^{time reversal variant}이라는 사실을 알 수 있다. 즉, 시간의 방향에 따라서 열역학 제2법칙은 성립하기도 하고, 성립하지 않기도 한다. 열역학 제2법칙에서 엔트로피가 증가한다고 말할 때, 우리는 시간이 과거에서 미래로 흐른다는 것을 미리 가정하고 있다. 그러나 시간이 미래에서 과거로 흐른다면, 엔트로피는 감소하게 될 것이고, 이것은 열역학 제2법칙과 반대되는 현상일 것이다. 따라서 많은 과학자들과 철학자들은 시간의 방향성에 대해서 이야기할 때 그것을 열역학 제2법칙과 자주 연관시킨다. 즉, 시간이 과거에서 미래로 흐르는 것은 자연의 법칙에 의해서 정해진 것이고, 그것이 바로 열역학 제2법칙이 성립하는 우주에서는 항상 성립하는 법칙이라는 것이다. 다시 말해서, 우리가 살고 있는 세계에서 열역학 제2법칙이 성립하기 위해서는 시간이 항상 과거에서 미래로 흘러야 한다는 것이다. 시간의 방향이 과거에서 미래로 흐르는 것은 우연적인 사건이 아니라 물리 법칙의 지배를 받는 필연적인 사건이라는 것이 이들의 생각이다.

볼츠만의 통계역학과 시간의 방향

하지만 오스트리아의 루트비히 볼츠만Ludwig Boltzmann, 1844~1906이 여기에 대해서 반대 의견을 제시했다. 그는 엔트로피 증가의 법칙을 통계역학으로 설명하려고 시도한 과학자다. 앞에서 우리는 열역학 제2법칙이 우리의 경험을 일반화한 물리 법칙일 뿐, 왜 엔트로피가 항상 증가하는지의 이유에 대해서는 아무런 설명도 하지 못한다는 사실을 보았다. 볼츠만은 통계역학이라는 이론을 통해서 그 원인을 제시하고자 했다. 통계역학은 미세한 분자의 움직임을 통계적으로 처리해 그 경향성을 확률 분포로 보여주는 분야인데, 이런 확률 분포를 통해서 수많은 분자들이 모여 있는 시스템의 전체 상태를 묘사해준다.

여기서 한 가지 중요한 사실은 통계역학에서 분자의 움직임을 설명할 때 어떤 현상이 관찰될 확률은 결코 1이 되지 못한다는 것이다. 어떤 물리적 상태의 확률이 1이라는 말은, 우리가 그 시스템을 관찰할 때마다 필연적으로 우리는 그 시스템이 확률이 1인 물리적 상태를 확인해야 한다는 뜻이다. 예를 들어, 내가 어떤 시험을 쳐서 합격할 확률이 1이라는 말은, 시험 횟수에 상관없이 내가 시험을 칠 때마다 합격한다는 뜻이다. 만약 여러 번의 시험을 쳐서 불합격되는 일이 일어난다면, 합격할 확률은 1보다 작은 값을 가지게 된다.

다시 위의 예를 생각해보자. 한쪽 방에 밀집되어 있던 기체 분자들이 다른 쪽 방으로 확산되어가는 것은 우리가 항상 관찰할 수 있는 일인데, 엔트로피 증가의 법칙에 의하면 이것은 필연적인 현상이다. 따라서 열역학 제2법칙의 관점에서 보면, 그것의 확률은 1이라고 할 수 있다. 하지만 분자 하나하나의 움직임을 통계적으로 연구하는 통계역학적인 설명에 의하면 이것은 필연적인 현상이라기보다 단지 확률이 매우 높은 현상일 뿐이다. 즉 기체가 양쪽 방으로 확산되어가는 확률이 그 기체가 한쪽 방으로만 모여들 확률보다 훨씬 높기 때문에 우리가 관찰할 때마다 기체는 항상 양쪽 방으로 확산되어가는 것으로 보이는 것이다. 여기서 중요한 사실은, 이 기체들이 한쪽 방으로만 모여드는 것이 물리학적으로 불가능한 것은 아니라는 것이다. 단지 확률이 극히 낮아서 우리가 관찰하지 못할 따름이다. 앞에서 보았던 잉크의 예도 마찬가지다. 잉크 분자 하나하나의 움직임을 통계적으로 설명해보면 잉크 분자들이 물 전체로 확산될 확률이 물 전체에 확산되어 있던 잉크가 다시 한쪽으로 모여들 확률보다 훨씬 크다는 것을 알 수 있다. 따라서 우리는 확률이 높은 현상을 항상 관찰하게 된다. 하지만 이것이 물리적 필연성을 보여주기보다는 단지 확률이 높은 현상이라는 사실을 말해줄 뿐이고, 확률이 낮은 현상이 일어나는 것이 불가능하다는 것을 이야기하는 것은 아니다. 따라서 실제로 우리가 관찰하기는 힘들지언정 잉크 방울들이 컵 속에서 갑자기 한쪽 방향으로 모여드는 현상은 물리학적으로 가능한 것이다. 즉 통계역학적인 관점에서 보면 엔트로피가 감소할 수도 있는 것이다. 열역학 제2법칙에서 시간 역 가변인 것처럼 보이던 현상이, 통계역학에서는 시간 역 불변으로 밝혀지게 되는 것이다.

이제 이 사실을 다시 시간과 관련시켜보자. 앞에서 우리는 열역학 제2법칙에 의해서 엔트로피가 항상 증가한다는 사실을 보았고, 이것을 시간의 방향과 연결시켰을 때, 시간은 항상 과거에서 미래로 흐르며 그 반대 방향으로는 흐를 수 없다는 것을 보았다. 하지만 볼츠만의 통계역학적인 설명에 의하면, 엔트로피는 증가할 뿐만 아니라, 매우 낮은 확률이긴 하지만 감소할 수도 있고, 따라서 엔트로피와 시간이 연관되어 있다면, 이 시간의 방향 역시 반대로 흐를 수 있음을 의미한다. 즉, 열역학 제2법칙을 통해서 시간의 방향에 필연성을 부여하려던 시도는 통계역학에 의해서 실패하게 되고 마는 것이다.

엔트로피가 증가하는 이유 과거 가설

그렇다면 여기서 한 가지 의문이 발생한다. 왜 우리는 항상 엔트로피가 증가하는 세계만 관찰하게 되는 것일까? 엔트로피가 감소하는 것이 물리학적으로 불가능하지 않다면, 자주는 아니더라도 아주 가끔씩은, 아니 긴 우주의 역사 속에서 아주 가끔씩은 관찰되어야 하지 않을까? 그런데 우리는 엔트로피가 감소하는 물리 현상은 관찰하지 못한다. 물리학적으로 가능한 일임에도 불구하고 우리가 관찰하지 못한다는 이유는 무엇일까?

여기에 대한 대답은 데이비드 앨버트David Albert라는 철학자가 제시했다. 그는 이 우주의 엔트로피가 계속 증가하는 이유는 처음에 이 우주가 시작되었을 때의 엔트로피가 극히 낮은 상태였기 때문이라고 설명한다. 이것을 그는 과거 가설past hypothesis이라고 부른다. 과거 가설의 요점은, 엔트로피가 증가하거나 감소하는 것이 모두 물리학적으로 가능하지만, 우리 우주의 초기에 엔트로피가 너무 낮았기 때문에 그 반작용으로 지금은 엔트로피가 전 우주에서 증가하고 있는 중이라는 것이다. 그는 우주 초기의 낮은 엔트로피의 상태를 대폭발 이론에서 찾고 있다. 앞에서 보았던 대폭발 이론을 다시 한 번 상기해보자. 시간을 과거로 거슬러 올라가면, 우주의 모든 물질들이 한 점으로 모여든다. 물론 물질뿐만 아니라 우주에 흩어져 있는 모든 에너지들도 역시 이 점으로 모여든다. 앞에서도 말했듯이, 이 점을 '특이점'이라고 부른다. 이 특이점은 극히 작은 부피 안에 우주의 모든 물질들과 에너지들을 다 포함하고 있는 지극히 불안정한 상태다. 한편 시간이 지남에 따라서 점점 팽창하는 우주는 엔트로피가 점점 증가한다. 왜냐하면 그 안에 있는 물질들과 에너지들이 우주 공간으로 지속적으로 퍼져 나가기 때문이다. 그리고 이렇게 엔트로피가 증가할수록 우주의 상태는 점점 안정된 상태가 된다. 앞에서 보았듯이, 기체 분자가 방의 한구석에 모여 있는 것보다는 전체 방에 퍼져 있는 것이 엔트로피가 더 높은 상태이고, 더 안정적인 상태인 것처럼, 우주 전체에 대해서도 물질과 에너지가 전체적으로 많이 퍼져 있는 상태가 부분적으로 밀집되어 있는 상태보다는 엔트로피가 높고 따라서 더 안정된 상태가 된다. 우주의 팽창은 이렇게 엔트로피가 점점 증가하면서 안정된 상태로 진화해가는 과정인 것이다.

이러한 과거 가설은 우리가 관찰하는 시간의 방향을 필연적인 것이 아니라 우연적인 것으로 간주한다. 즉, 우리 우주의 역사를 보았을 때 우연히 대폭발이 일어나게 되었고, 그 결과 처음에는 극히 낮은 엔트로피의 상태에서 우주가 시작되었기 때문에 현재의 엔트로피 역시 증가할 수밖에 없다는 것이다. 만약 우리 우주가 다른 방식으로 시작했다면 엔트로피의 변화 양상 역시 달랐을 것이고, 그렇게 되면 우리가 관찰하는 시간의 방향 역시 다를 수 있었을 것이다.

이러한 과거 가설은 물리학에서 흔히 사용되는 경계 조건 boundary condition 또는 초기 조건 initial condition 의 한 종류다. 경계 조건이란 어떤 물리 시스템이 물리적 변화를 거치기 전에 처음 가지고 있는 상태를 말한다. 우리 우주의 경우, 대폭발 자체가 우주의 경계 조건 또는 초기 조건인 셈이다. 우주가 엔트로피가 낮은 상태에서 대폭발이 시작되었기 때문에, 우리 우주는 현재 팽창하는 우주인 것이고 따라서 엔트로피가 증가하는 우주인 것이다. 만약 우리 우주가 엔트로피가 높은 우주에서 출발했다면 우리 우주는 반대로 수축하는 우주, 따라서 엔트로피가 감소하는 우주가 될 것이다. 이렇게 물리 시스템에서 경계 조건 또는 초기 조건은 그 물리 시스템의 시간에 따른 물리적 특성의 변화를 결정해주는 매우 중요한 요소다.

독일의 물리학자 하인츠디터 체 Heinz-Dieter Zeh 는 과거 가설을 더 확장해 이 물리 시스템의 경계 조건과 시간의 방향을 관련시켰다. 예를 들어 우리가 연못가를 거닐다가 주위의 작은 돌을 하나 주워서 연못에 던졌다고 상상해보자. 우리의 일반적인 경험상 우리가 상상할 수 있는 것은, 돌이 수면에 부딪히는 순간 동심원의 파동을 만들어내고, 그 파동이 점점 커지면서 주위로 퍼져 나가는 것이다. 그런데 이런 동심원이 다시 중심으로 모여드는 것을 관찰해본 사람은 아무도 없다. 우리는 항상 동심원의 수면파가 밖으로 퍼져 나가는 현상만을 관찰할 뿐이다. 이 현상 역시 시간의 흐름과 관련이 있다고 할 수 있는데, 시간이 흐름에 따라서, 즉 과거에서 미래로 흐름에 따라서 수면파도 중심에서 밖으로 퍼져 나간다.

그런데 체에 의하면, 수면파가 이런 현상을 보이는 가장 근본적인 이유는 바로 수면파의 경계 조건 때문이다. 즉, 수면파를 야기했던 경계 조건인 돌과 수면 위의 한 지점과의 충돌이 수면파를 야기했기 때문에, 수면파가 그 지점에서 발생하는 것이고, 그 결과 바깥으로 퍼져 나가는 것이다. 하지만 만약 우리가 경계 조건을 정교하게 조작해서 수면파가 연못 가장자리에서 시작하는 큰 동심원으로 시작한다고 생각해보면 어떨까? 그리고 수면파의 간섭 현상*을 효과적으로 통제할 수 있는 어떤 방법이 존재한다고 하면, 우리는 이 수면파가 바깥에서 안쪽으로 모여드는 것을 관찰할 수 있을 것이다. 즉, 시간의 흐름과 밀접한 관련이 있다고 여겨지던 현상이 사실은 그 시스템에 우연히 가해진 경계 조건에 의해서 결정된다는 것을 알게 되는 것이다. 여기서 우연히 가해졌다는 표현은, 꼭 그렇게 가해질 필연적인 이유가 없다는 뜻이다. 즉 다른 모습의 경계 조건을 가지는 것이 가능하다는 뜻이다. 이것이 물리학적으로 가능하다면, 시

🪐 **간섭 현상**
물리학에서 사용되는 경우, 두 개 이상의 파동이 한 점에서 만날 때 진폭이 서로 합해지거나 상쇄되는 현상을 의미한다.

간의 흐름에 따른 우주의 변화 모습도 거꾸로 흘러가는 것이 가능할 것이다. 즉 우리가 경험하는 것과는 반대로, 엔트로피가 감소하는 우주가 가능할 것이다. 이렇듯 체는 우주의 경계 조건과 시간의 방향을 관련시켰지만, 또 한편으로는 이와 정반대되는 이론도 존재한다. 바로 호킹의 무경계 가설이다. 독자들은 앞에서 대폭발과 관련된 호킹의 무경계 가설을 기억할 것이다. 하지만 이것은 시간의 방향에 대한 호킹의 이론과도 밀접한 관련이 있다. 왜 그럴까?

호킹의 무경계 가설과 시간의 방향

우주에 경계가 없다는 무경계 가설은 대폭발이 우주의 시작점이 아니라고 이야기한다. 이것은 마치 둥근 모양의 지구가 시작점이 없는 것과 마찬가지다. 지구 위에 임의의 점을 하나 선택한 뒤, 그 점을 출발해서 지구를 한 바퀴 돌면 원래의 위치로 돌아오게 된다. 이 상황을 좀 더 자세히 살펴보자. 어떤 사람이 서울을 출발해서 곧장 북쪽으로 가면 북극에 도달하게 될 것이다. 이 사람이 북극을 지나 계속 여행을 하면 그 사람은 어느새 남쪽으로 향하게 될 것이다. 그렇다면 이 사람은 여행의 방향을 바꾼 것인가? 그렇지 않다. 그 사람은 계속 한 방향으로 가고 있었던 것뿐이다. 그 사람이 북쪽으로 가다가 다시 남쪽으로 가게 되었다고 말하는 것은 우리가 편의상 구분해놓은 방향의 기준에 의한 것이다.

우주에서의 시간도 이와 마찬가지라고 할 수 있다. 우리가 타임머신을 타고 과거로 간다고 상상해보자. 호킹의 무경계 가설에 의하면, 이 타임머신이 과거로 가다가 대폭발의 순간을 지난 뒤에는 어느새 미래의 방향으로 여행하고 있는 것을 발견하게 된다. 마치 지구에서 북쪽으로 여행하던 여행자가 북극을 지난 뒤에는 남쪽으로 향하게 되는 것처럼, 타임머신의 입장에서 보면 계속 같은 시간의 방향으로 여행하고 있는 것이지만, 과거와 미래를 구분하는 우리의 입장에서 보면 타임머신의 여행 방향이 바뀐 것이라고 할 수 있다. 그렇다면 이러한 타임머신에게는 과거의 방향과 미래의 방향을 구분하는 것은 의미가 없다. 그것은 결국 돌고 도는 한 방향일 뿐이다.

하지만 우리 인간에게는 미래와 과거가 확실히 구분된다. 예를 들어서, 우리는 과거를 기억하기는 하지만, 미래를 기억하지는 못한다. 또 인간의 노력으로 미래를 선택할 수는 있지만, 이미 지나간 과거를 바꾸지는 못한다. 만약 무경계 가설이 제안하는 것처럼 미래와 과거가 아무런 차이가 없다면, 왜 우리는 이렇게 미래와 과거를 구분하게 된 것일까?

호킹 역시 엔트로피 증가의 법칙에서 그 답을 찾고 있다. 호킹에 의하면, 인간은 무질서도, 즉 엔트로피가 증가하는 방향을 시간의 방향으로 간주한다. 따라서 엔트로피가 증가하는 방향인 미래의 방향과 엔트로피가 감소하는 방향인 과거의 방향은 우리 인간에게 확실하게 구분되는 것이다. 결국 호킹의 무경계 가설은, 어떤 의미에서 엔트로피 증가의 법칙의 중요성을 다시 한 번 일깨워주고 있다고도 할 수 있다.

흐르는 시간 vs. 정지해 있는 시간

우리는 지금까지 시간이 흐른다는 전제하에 시간의 방향에 대한 이야기를 해왔다. 그리고 우리가 상식적으로 생각하는 시간의 방향, 즉 과거에서 미래로의 방향이 필연적인 것이 아니라, 우리 우주의 탄생과 더불어 우연히 나타난 경계 조건에 의해 특징지어진 방향이라고 생각할 수도 있다는 사실을 보았다. 이제 시간에 대한 좀 더 근본적인 이야기를 해보자. 그것은 시간의 방향을 논의하기 이전에, 과연 시간은 흐르는 것인지의 여부와 관련되어 있다. 즉, 우리가 일상적으로 경험하는 것처럼, 또는 시간이 흐르면서 모든 것이 변한다고 느껴지는 것처럼, 시간은 정말 흐르는 것일까? 아니면 혹시, 시간이라는 것은 사실 흐르지 않고 정지되어 있는데, 세상을 이해하는 특별한 방식이 프로그래밍되어 있는 인간의 두뇌가 그렇게 느끼는 것은 아닐까? 이런 질문들은 시간의 방향과 관련된 질문보다 더 이상하게 들릴지도 모르겠다. 도대체 시간이 흐르지 않고 정지해 있다는 것이 무슨 의미인지 쉽게 이해되지 않는다.

하지만 '시간은 흐른다'는 명제가 현대 물리학에 의해 커다란 도전을 받고 있다는 사실을 알고 있는가? 그 현대 물리학은 바로 아인슈타인의 특수상대성이론이다. 아인슈타인의 특수상대성이론을 해석하는 많은 과학자들과 철학자들은, 이 이론이 '시간은 흐른다'라는 명제를 반박한다고 이야기한다. 왜 그런가? 그 사실을 이해하기 위해서 우선 특수상대성이론에 대한 이야기를 잠시 해보기로 하자.

특수상대성이론

특수상대성이론은 두 가지 중요한 가정을 가지고 있다. 그것은 '빛의 가정'과 '상대성의 가정'이다. 빛의 가정이란 관찰자가 어떤 속도로 움직이고 있든지에 상관없이 그 관찰자에게 관찰되는 빛의 속도는 일정하다는 것이고, 상대성의 가정이란 관찰자가 어떤 운동 상태에 있든지 상관없이 동일한 물리 법칙이 적용된다는 것이다. 이 두 가정을 바탕으로 아인슈타인은 시간과 공간에 대한 새로운 이론을 만들어냈는데 그것이 바로 특수상대성이론이다. 이 이론의 중요한 결과들 중 많이 알려진 것이 바로 시간 지연 효과다. 시간 지연 효과라는 것은 물체의 상대적 속도에 따라 시간의 흐르는 속도가 달라진다는 것이다. 여기서 시간이 흐르는 속도를 재기 위해서 우리는 시계를 사용한다. 즉, 시간이 천천히 간다는 것은 시계가 천천히 움직인다는 것이고, 시간이 빨리 간다는 것은 시계가 빨리 움직인다는 것이다. 우리는 이렇게 시계를 사용함으로써, 시간의 흐름에 대한 객관적인 이야기를 할 수 있게 된다.

이제 다음과 같은 상황을 상상해보자.

나는 엄청나게 빠른 로켓을 쏘아 올리려고 한다. 이 로켓은 우주로 날아갔다가 다시 내가 있는 곳으로 돌아올 것이다. 두 개의 시계를 준비해서 하나는 내가 가지고 있고, 다른 하나는 우주에 쏘아 올릴 로켓에 싣는다. 그리고 로켓을 발사시킨다. 내가 가지고 있는 시계와 로켓 안에 설치되어 있는 시계는 똑같은 회사에서 만든 똑같은 성능의 시계이므로, 한 치의 오차도 없이 똑같이 움직여야 한다. 하지만 로켓이 우주를 여행하고 다시 나에게 돌아왔을 때 시계는 서로 다른 시간을 가리킨다. 예를 들어 내 시계는 그동안 이틀이 흘렀는데, 로켓 안에 설치되었던 시계는 하루 반밖에 지나지 않은 것으로 보이는 것이다. 그렇다면 이 시계의 움직임이 실제 시간의 움직임을 보여준다고 가정할 때, 나의 시간은 이틀이 흘렀지만, 로켓의 시간은 똑같은 시간 동안 하루 반밖에 흐르지 않은 것이 된다.

이것이 바로 시간 지연 효과다. 이러한 시간 지연 효과는 상대속도로 운동하고 있는 물체를 관찰할 때 항상 적용된다. 다만 우리 일상생활 속에서는 그 상대속도가 무시할 수 있을 만큼 작기 때문에 시간 지연 효과를 우리가 느끼지 못할 뿐이다.

이러한 시간 지연 효과를 어떻게 이해할 수 있을까? 이런 현상을 쉽게 설명하기 위해서 헤르만 민코프스키Hermann Minkowski, 1864~1909라는 수학자는 4차원 좌표축을 생각해냈다. 이 4차원 좌표축은 세 개의 공간축과 하나의 시간축으로 구성되어 있다. 이 4차원 좌표축은 시간과 공간을 서로 별개의 것으로 보지 않고, 시간을 공간의 네 번째 차원으로 생각한다. 민코프스키는 이렇게 구성된 4차원 좌표축 안에서 상대적으로 움직이는 물체들 사이에 시간 지연 효과가 일어남을 간단하게 보여줄 수 있었다. 아인슈타인이 예측했지만 누구도 설명하지 못한 신기한 현상이 민

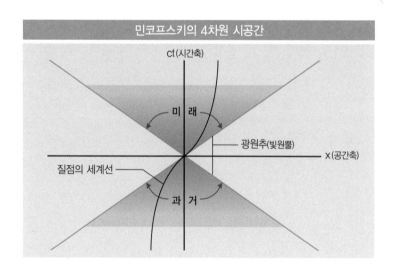

민코프스키의 4차원 시공간

코프스키의 4차원 좌표축 안에서 매우 쉽게 설명된 것이다. 이 이후로 민코프스키의 이러한 해석 방식, 즉 시간은 공간의 네 번째 차원으로서 이들이 서로 연결되어 있다는 해석이 특수상대성 이론의 대표적인 해석으로 자리잡게 된다. 그리고 이때부터 시간과 공간을 따로 생각하지 않고, 4차원 시공간이라는 개념 안에서 함께 생각하게 되었다.

이 4차원 시공간(민코프스키 공간)에서는 우리의 상식과 다른 일들이 많이 일어난다. 예를 들어 내가 어떤 두 사건을 관찰했는데, 두 사건이 동시에 발생했다고 해보자. 나는 4차원 시공간에서 이 두 사건을 동시에 일어난 것으로 기술한다. 그러나 나와 일정한 상대속도로 움직이는 다른 사람이 그 사건을 보면, 그 사건은 동시에 일어난 것이 아니라 시간적 간격을 두고 일어난 일인 것으로 관찰될 수 있다. 따라서 내가 동시에 일어난 일이라고 생각하는 두 사건이 다른 사람에게는 동시에 일어난 일이 아닐 수 있다는 것이다. 이것을 동시성의 상대성relativity of simultaneity이라고 부른다. 바로 이 동시성의 상대성이 처음에 우리가 보기로 했던 '시간이 흐른다'는 명제가 왜 특수상대성이론에서 거부되는지에 대한 단서를 제공해준다.

'시간이 흐른다'는 사실을 이해하는 한 가지 중요한 방식은 우리가 '현재'라고 생각하는 시간의 변화를 관찰해보는 것이다. 우리가 '현재'라고 생각하는 이 순간은 얼마 전까지는 미래였으며, 지금 현재가 되었고, 시간이 지나면 과거가 될 순간이다. 예를 들어 내가 지금 컴퓨터로 글을 쓰고 있는 것은 현재의 사건이다. 하지만 이 사건은 얼마 전까지는 미래의 사건이었으며, 다시 시간이 지나면 과거의 사건이 될 것이다. 이렇게 어떤 사건이 미래에서 현재로, 그리고 다시 현재에서 과거로 바뀌어갈 때 우리는 시간이 흐른다는 것을 알게 된다.

하지만 특수상대성이론 안에서는 내가 현재라고 생각하는 것이 다른 사람에게도 동일하게 현재라는 것에 대한 보장이 없다. 오히려 나와 일정한 상대속도로 움직이고 있는 다른 관찰자에게는 내가 지금 글을 쓰고 있는 이 현재의 사건이 미래의 사건이나 또는 과거의 사건으로 관찰될 수 있다. 이것이 특수상대성이론에 대한 민코프스키의 4차원 시공간 해석의 결과라는 것을 앞에서 보았다. 그렇다면 더 이상 미래에서 현재로, 그리고 다시 현재에서 과거로 변해가는 사건이 '객관적'으로 존재한다고 할 수 없게 된다. 어떤 것이 객관적으로 존재하기 위해서는 모든 관찰자들이 동일한 내용을 관찰할 수 있어야 하는데, 상대속도가 다른 관찰자들이 하나의 사건에 대해서 그것이 현재의 일인지 과거의 일인지 합의할 수 없다면, 그것은 더 이상 객관적일 수 없다. 오히려 내가 글을 쓰는 이 사건은 어떤 사람에게는 과거로, 어떤 사람에게는 현재로, 그리고 어떤 사람에게는 미래로 관찰되기 때문에, 현재와 미래와 과거가 한꺼번에 존재한다고 생각하는 것이 더 타당할 것 같다. 결국 시간은 미래에서 현재로, 현재에서 과거로 흐르는 것이 아니라, 미래와 현재와 과거가 함께 공존하고 있고, 관찰자가 어떤 상태에 있느냐에 따라 관찰 대상이 현재의 사건인지, 과거의 사건인지, 아니면 미래의 사건인지가 결정된다고 볼 수 있는 것이다. 따라서 특수상대성이론은 '시간이 흐른다'라는 명제가 물리적으로 증명하는 것이 가능하지 않다는 것을 보여주며, 오히려 미래와 현재와 과거가 한꺼번에 존재한다는 것을 보여준다고 할 수 있다.

시간이란 무엇인가?

이러한 결론은 선뜻 받아들이기 어렵다. 도대체 시간이 흐르는 것이 아니라 정지해 있는 것일 수 있을까? 그리고 과거와 현재와 미래의 사건이 함께 존재할 수 있을까? 이러한 의문들은 쉽게 사라질 수 있는 것들은 아니지만, 중요한 것은 특수상대성이론이 보여주는 시공간의 모습은 우리가 일상적으로 경험하는 그 것과는 많이 다르다는 것이다. 물론 어떤 사람들은 특수상대성이론이 시간과 공간에 대해서 '절대적인 사실absolute truth'을 말해주는 것이 아니라, 우리가 경험하는 현상을 잘 설명하고 예측해주는 도구일 뿐이므로, 이 이론이 말하는 시간 개념을 그대로 받아들일 필요가 없다고 말한다. 하지만 이런 논쟁들은 과학적으로 해결될 문제들은 아니다. 왜냐면 특수상대성이론이 보여주는 시공간을 실재적인 것으로 받아들일지, 아니면 단순한 설명과

예측을 위한 도구로서 받아들일지의 여부는 결국 과학 이론을 바라보는 사람이 선택해야 할 문제이고, 과학 이외의 여러 요인들이 영향을 미칠 수밖에 없는 문제이기 때문이다.

어떤 사람들은 이런 문제를 해결하기 위해서 절대시간^{absolute} ^{time} 또는 형이상학적 시간$^{metaphysical\ time}$ 과 물리적 시간$^{physical\ time}$ 을 구분한다. 이들에 의하면, 절대시간 또는 형이상학적 시간은 우주의 시작과 함께 시작해서 우주가 끝날 때까지 계속 흘러가는, 우리가 일상적으로 받아들이는 시간 개념이다. 반면 물리적 시간이란 아인슈타인의 특수상대성이론과 다른 물리 이론들에서 암시하는 바와 같이 물리학 속의 시간으로서 한 방향으로 꾸준히 진행되지도 않고 반대 방향으로 흐를 수도 있는 시간의 개념이다. 이러한 구분법에 의하면, 결국 우리는 절대시간 속에서 삶을 영위하지만 자연을 설명하고 예측하기 위해서는 물리적 시간을 사용하는 셈이 된다. 시간과 관련해서 다음과 같은 유명한 말이 있다.

시간이라는 것은 얼핏 보면 우리가 다 알고 있는 것처럼 보이지만, 그것을 설명하려고 시도하는 순간, 우리는 그것에 대해서 아무것도 모른다는 것을 알게 된다.

이는 중세의 유명한 기독교 철학자 아우구스티누스^{Aurelius} $^{Augustine,\ 354\sim430}$가 그의 유명한 책《고백록 ^{Confessiones}》에서 한 말이다. 약 1,500년 전의 철학자가 했던 이 말은 현대 과학이 눈부시게 발달한 오늘날에도 여전히 유효하다. 시간이라는 것은 우리에게 너무나도 친숙한 것이지만, 시간에 대해서 인간이 가지고 있는 지식은 매우 짧다. 더욱이 우리가 가지고 있는 최고의 과학이라고 하는 특수상대성이론이 제시하는 시간의 모습은 참으로 기묘하기 짝이 없다. 어쩌면 이것은 영원한 시간 속에서 찰나의 삶을 영위하는 우리 인간의 지적인 한계와 관련 있는 일일지도 모른다.

과학이 그리는 우주

과학적 사고 키우기

지금까지 많은 천문학자들과 물리학자들이 밝혀낸 우주의 모습에 대해서 알아보았다. 이 우주의 모습은 그 이전에 사람들이 알고 있던 우주의 모습과는 많이 다르다. 이전의 사람들, 예컨대 19세기까지의 사람들은 우주가 팽창하고 있다는 사실도 알지 못했고, 우주의 시작인 대폭발에 대해서도 알지 못했다. 우주에 존재하는 수많은 신비로운 천체들, 예를 들면 블랙홀이나 중성자별 등에 대해서도 알지 못했고, 거대 구조인 은하단이나 초은하단에 대해서도 알지 못했다. 따라서 20세기 중반 이후 우주에 대한 인간의 지식은 가히 비약적으로 증가했다고 할 만하다.

무엇이 이러한 지식의 진보를 가능하게 했을까? 말할 것도 없이 그 답은 과학의 발달에서 찾을 수 있다. 20세기 들어서면서 형성된 양자역학과 상대성이론은 이전의 물리학이 설명하지 못했던 많은 현상들을 설명해주었을 뿐만 아니라, 그 이론들을 통해서 새로운 현상을 예측하고 발견해내는 것을 가능하게 했다. 이를테면, 블랙홀과 같은 천체는 그 천체의 존재가 알려지기 이전부터 그 존재 가능성이 이론적으로 예견되었고, 이로 인해 과학자들은 블랙홀을 발견하고 연구하도록 자극받았다. 15세기 수많은 과학자들이 주도하고 뉴턴이 완성시킨 고전 물리학이 과학 혁명을 가져왔다면, 20세기 초반 양자역학과 상대성이론에 의해 인류는 두 번째 과학 혁명을 맞이했다고 할 수 있다.

이러한 과학 혁명이 비단 과학자들만의 관심사였던 것은 아니다. 실제 과학 작업에 종사하는 이들은 말할 것도 없고, 일반 대중들 역시 과학에 많은 관심을 갖게 되었다. 과학기술에 대해 대중적 관심이 증대한 데는 크게 두 가지 이유가 있다.

첫째는 과학기술의 발달이 우리 생활 전반에 영향을 미치기 시작했다는 것이다. 기술자들은 과학 지식을 적극적으로 받아들였으며, 이를 응용해 새로운 기술들을 개발하기 시작했다. 오늘날 우리 주위를 둘러보면, 양자역학이 없었다면 존재하지 못했을 것들이 무수히 많다. 텔레비전이나 라디오를 포함한 대부분의 전자 제품이 그렇고, 비행기나 자동차와 같이 우리 생활과 밀접한 관련을 가지고 있는 수많은 것들이 그렇다. 이런 과학 지식의 산물과 동떨어진 생활을 한다는 것은 이제 상상하기도 힘들다. 따라서 자연스럽게 대중들은 과학에 관심을 가질 기회를 얻게 되었다.

　대중들이 과학에 관심을 가지게 된 둘째 이유는 어떤 의미에서 첫째 이유보다 더 중요한데, 그것은 과학적 지식이 인간의 사고방식에 깊은 영향을 미쳤기 때문이다. 과학이 놀라운 성공을 거두기 이전에 사람들은 어떤 문제를 해결하기 위해 비과학적인 방법을 많이 이용했다. 예를 들어, 환자가 생기면 불편한 곳을 진단하고 필요한 약을 처방하는 것이 아니라, 그것이 귀신 때문에 생긴 일이라 하여 굿을 하거나 다른 미신적인 방법으로 환자를 치료하고자 했다. 이것은 극단적인 사례지만, 그 외에도 수많은 비과학적 방법이 인간들의 생활 방식 속에 스며들어 있었으며, 이러한 방법들은 때때로 문제를 해결하기는커녕, 문제를 더 부추기는 역효과를 낳기도 했다. 하지만 과학의 비약적인 발전에 따라, 많은 사람들은 과학적 지식이야말로 신뢰할 만한 지식이라는 믿음을 갖게 되었으며, 더 나아가 어떤 분야든지 성공적인 성과를 거두기 위해서는 과학적 방법론을 채택해야 한다고 믿게 되었다. 그 결과 일반 대중들도 과학에 많은 관심을 갖게 된 것이다.

　하지만 대중들이 과학에 관심을 갖는 것만큼 과학적 지식에 접근하는 것이 항상 용이한 것만은 아니다. 현대 과학의 내용은 전문적인 교육을 받지 않으면 그 내용을 이해하는 것 자체가 불가능할 만큼 전문화·분업화되었기 때문에, 대중이 과학적 내용을 제대로 이해하는 것이 현실적으로 쉽지 않을 뿐만 아니라 같은 과학자들 사이에서도 자신의 분야가 아닌 이웃 분야를 이해하는 것이 수월치 않은 지경에 이르렀다. 우리는 생활 곳곳에서 과학의 혜택을 받고 있으면서도 그 과학에 대해서 제대로 이해하지 못하는 시대에 살고 있는 것이다. 우리는 텔레비전을 날마다 보지만, 텔레비전의 작동 원리에 대해서는 거의 이해하지 못한다. 비행기가 우리 일상생활이 된 지 오래이나, 비행기가 하늘을 날 수 있는 원리인 베르누이의 정리Bernoulli's theorem*에 대해서 제대로 이해하고 있는 사람은 그다지 많지 않다.

이러한 상황은 많은 부작용들을 낳았다. 과학적 지식에 대한 무한한 믿음과 경외감에도 불구하고, 과학적 지식은 대중들로부터 점점 격리되기 시작한 것이다. 대중은 과학의 성과와 그것을 응용한 현대 과학기술에 환호했지만, 실제로 그것을 제대로 이해하고 평가하고 수용할 수 있는 능력을 잃어버리고 말았다.

더욱 문제가 되는 것은, 이런 상황 속에서 비과학과 사이비 과학들이 판치기 시작했다는 것이다. 과학이라는 이름으로 위장한 잘못된 지식들이 우리 생활 속으로 파고들기 시작했다. 과학기술이 가장 발달했

✎ 베르누이 정리

물운동하고 있는 유체 내의 압력과 유속 관계를 수량적으로 나타낸 유체역학의 기본 법칙 중 하나. 유체는 좁은 통로를 흐를 때 속력이 증가하고 넓은 통로를 흐를 때 속력이 감소하는데, 유체의 속력이 증가하면 압력이 낮아지고 반대로 속력이 감소하면 압력이 높아진다. 비행기 날개의 설계는 베르누이 정리를 기본으로 응용한 대표적인 공학 분야다. 비행기 날개의 상단부 곡면을 따라 흐르는 공기는 날개 밑을 지나는 공기보다 빠르기 때문에, 날개 하단면의 압력이 날개 상단면의 압력보다 커지게 되어 비행기가 뜨게 되는 것이다.

다고 평가받고 있는 미국에서조차 비과학과 사이비 과학들이 대중들의 삶 속에 깊이 침투해 있다는 사실이 재미있다. 미국의 어디를 가든지 우리나라의 점쟁이에 해당하는 이른바 포천텔러fortuneteller들이 가게를 내고 손님을 맞이하는 모습을 쉽게 볼 수 있다. 심지어 미국 정치의 중심지인 백악관에서조차 대통령이 정책을 결정하기 전에 영부인이 점성술사에게 자문을 구했다는 이야기가 기사화되어 사람들이 경악한 적도 있다. 비과학이나 사이비 과학은 정치적으로 악용되기도 한다. 나치스Nazis가 유대인들을 탄압할 때 또는 미국의 백인들이 흑인들을 정치적으로 억압할 때, 그 이론적 근거로 우생학eugenics을 사용했다는 사실은 이제 상식이 되어버렸다.

이런 상황은 우리로 하여금 과학기술에 대해서 다시 한 번 돌아보게 만든다. 과학기술에 대한 맹신이 존재하는 동시에 비과학과 사이비 과학이 우리 삶 깊은 곳에 뿌리내리고 있는 이런 모순된 상황은 어떻게 극복할 수 있는가? 뜻이 있는 사람들은 그 해답을 '과학의 대중화'에서 찾고 있다. 과학이 대중과 격리된 채로 존재하면서 그들의 일상생활을 좌지우지하는 한, 과학에 대한 잘못된 믿음이나 비과학, 사이비 과학의 등장은 막을 수 없다는 것이 이들의 진단이다. 따라서 과학의 대중화야말로 이런 모순된 상황을 극복하고 인간이 과학을 제대로 이용할 수 있는 가장 좋은 처방이라고 생각한다. 그러면 과학의 대중화는 어떤 내용을 포함하고 있어야 할까?

첫째, 과학의 대중화는 과학적 지식을 대중들이 더욱 친근하게 느낄 수 있도록 이해하기 쉬운 방식으로 전달하는 것을 포함한다. 과학자들이 밝혀낸 과학적 지식들이 아무리 많이 존재한다고 해도, 대중들이 이해할 수 없는 언어로 이야기된다면 과학은 결국 과학자들의 전유물로 남을 수밖에 없다. 따라서 과학 지식을 대중들과 공유하기 위해서는 그 지식을 일상의 언어로 쉽게 표현하려는 노력이 매우 중요하다.

둘째, 과학의 대중화는 대중들에게 올바른 과학적 사고와 방법이 무엇인지 알려주는 것을 포함한다. 사실 과학적 지식보다 더 중요한 것은 과학적 사고다. 과학적 사고는 과학진보를 위해 필수적인 것이며, 대중들이 이런 사고를 많이 공유할수록 사회 전체의 과학적 역량은 증대할 것이다.

많은 사람들이 과학의 대중화를 위해 노력했지만, 세이건과 호킹은 그중에서도 가장 대표적이다. 이 두 사람은 자신의 분야에서 최고의 과학자일 뿐 아니라, 과학적 내용과 사고방식을 대중들에게 전달하기 위해 특별히 노력한 사람들이다.

장애를 극복한 천재

호킹을 더욱 위대하게 만드는 사실은, 그가 장애를 딛고 최고의 과학자가 된 것에 만족하지 않고 과학을 대중들에게 전달하는 일에 남다른 관심과 열정을 가지고 있었다는 사실이다. 그는 대중들을 위한 책인 《시간의 역사 *A Brief History of Time*》(1988)를 저술했고, 영국 BBC 방송국의 '스티븐 호킹의 우주' 시리즈 제작에 참여하기도 했다. 특히 《시간의 역사》는 전 세계적인 베스트셀러가 되었을 뿐만 아니라, 우리나라의 경우 청소년들을 위한 교육부 추천 도서로 선정되기도 했다.

《시간의 역사》에서 스티븐 호킹은 우주의 탄생과 관련된 이야기, 시간과 공간의 이야기, 그리고 블랙홀과 관련된 물리학 이야기들을 가능한 한 수학 공식을 사용하지 않고 쉽게 풀어서 설명하려고 노력하고 있다(그는 아인슈타인의 유명한 공식 $E=mc^2$은 어쩔 수 없이 사용할 수밖에 없었다고 고백하고 있다). 하지만 그의 목표가 완벽하게 성취된 것처럼 보이진 않는다. 호킹의 노력과 기대와는 달리, 《시간의 역사》는 대중이 이해하기에는 좀 어려운 책이기 때문이다. 그 분야의 전공자들조차 그 뜻을 깊이 생각해보지 않고서는 쉽게 이해가 되지 않는 부분들이 여러 군데 보인다. 오죽했으면, 《시간의 역사》에 대한 해설서까지 나와 있으랴? 하지만 완벽하진 않더라도 이 책이 일정 부분 그 목표를 성취했다는 점은 인정해야 한다. 왜냐하면 호킹의 드라마틱한 인생과 더불어 이 책이 대중들을 물리학과 우주에 많은 관심을 기울이도록 유도한 것만은 틀림없기 때문이다.

그는 수많은 강연 활동을 하는 것으로도 유명하다. 루게릭병을 앓고 있는 그는 말을 할 수가 없다. 얼굴 근육이 마비가 되어버렸기 때문이다. 간신히 손가락 끝을 움직일 수 있는 그는 미국의 어느 회사에서 특수 제작한 기계를 이용해서 자신이 하고 싶은 말을 휠체어에 연결된 컴퓨터에 입력한다. 그리고 버튼을 누르면 기계가 입력된 문장을 읽어준다. 이러한 방식으로는 정상적인 대화조차 어려운 것이 틀림없지만, 호킹은 수많은 강연 활동을 마다하지 않는다.

이와 관련해 내가 겪은 감동적인 경험을 잠깐 이야기할까 한다. 내가 대학에서 천문학을 공부하고 있던 1990년 봄에 호킹이 우리 학교를 방문한 적이 있다. 나는 학문적인 호기심 반, 인간적인 호기심 반으로 그 강연장 한구석에서 그의 강연을 경청했다. 강연은 그가 미리 준비해 입력해둔 원고를 한 문장 한 문장 읽어주는 방식으로 진행되었다. 그런데 솔직히 말하면, 그때 호킹이 강연했던 내용 중에 기억나는 것은 없다. 당시 나는 전공 지식도 짧았고 영어도 짧았기 때문이다. 하지만 너무나 뚜렷하게 기억에 남은 장면이 있다. 자신의 아내가 밀어주는 휠체어에 앉은 채로 입장한 호킹이 기계를 통해서 'How are you?'라고 처음 인사하던 장면이다. 당시 내게는 호킹의 학문적인 업적 그 자체보다 어려운 여건 속에서도 지구 반대쪽까지 날아와 강연하는 호킹의 열정이 더 큰 무게로 다가왔다.

✦ 예술적 언어로 우주의 신비를 풀어낸 과학자

세이건의 수많은 저서들과 강연들 중 그의 과학 대중화와 관련된 철학이 가장 잘 녹아들어 있는 것은, 그가 사망하던 해에 출간된 《악령이 출몰하는 세상The Demon-Haunted World》(1996)이라는 책이다. 25개의 짧은 글들로 구성되어 있는 이 책에는 다양한 주제의 글들이 실려 있다. 과학에 대한 감동적인 찬가도 있고, 편협한 사고에 대한 맹렬한 질타도 있다. 또한 수많은 사이비 과학에 대한 조롱 섞인 비판도 있으며, 외계인 유괴 망상(외계인이 인간을 납치해서 생체 실험을 수행할 것이라는 생각들)에 대해 진지하게 이해해보려는 시도도 있다. 세이건은 이러한 다양한 주제들을 풍부한 지식과 위트, 그리고 지적인 냉철함으로 바라보고 있다.

이 책 전반을 통해서 드러나는 세이건의 태도는 회의주의와 경험주의적 태도다. 회의주의는 다른 사람들이 당연하다고 여기는 것들에 대해서 정말 그런지 한번 의심해보는 자세다. 회의적인 사고가 중요한 이유는 자신이 믿고 있는 지식이나 신념에 대해서 다시 한 번 생각해봄으로써 혹시나 있을지도 모르는 오류를 고쳐나갈 수 있기 때문이다. 또 한편으로 이런 회의주의는 나와 다른 신념을 가지고 있는 사람들과의 대화를 가능하게 한다. 실제로 우리는 자신의 신념만이 옳다고 굳게 믿은 나머지 다른 신념을 가진 사람들과 대화하지 못하고 오히려 적대적인 입장을 취함으로써 많은 문제를 일으키는 경우들을 자주 본다. 이런 문제들은 내가 가지고 있는 신념이 틀릴 수도 있다는 생각과, 다른 사람의 신념으로부터도 배울 것이 있다는 생각을 가짐으로써 해결될 수 있다. 세이건은 회의주의에 대해 다음과 같이 말하고 있다.

나는 '우리'와 상대방을 가르는 양극화 현상이 가장 큰 문제점이라고 생각한다. 이런 양극화 현상은 우리가 진리를 독점하고 있다고 생각하는 태도이며, 우리가 보기엔 어리석게 보이는 것들을 믿는 다른 사람들을 모두 얼간이로 여기는 태도다. 이것은 '만약 당신이 분별 있는 사람이라면 우리의 말에 귀를 기울일 것이고, 그렇지 않다면 당신은 구원받지 못할 것이다'라고 생각하는 태도다. 이는 건설적이지 못한 생각이다. 반면에 애당초 사이비 과학과 미신에 대한 인간의 뿌리 깊은 태도를 인정하는 자비로운 접근 방식은 널리 수용되어야 한다. …… 사이비 과학의 믿음이나 뉴 에이지New Age적 신념은 기존의 가치와 전망에 대해 실망할 때 발생하는 것들이므로 그것 역시 일종의 회의주의다.

세이건은 우리가 당연하다고 믿는 많은 신념들을 한번 의심해봄으로써, 그리고 우리가 사이비 과학이나 미신이라고 쉽게 치부해버리는 것에 대해서 진지하게 성찰해봄으로써 더 확실한 진리를 알게 될 수 있다고 믿었다.

하지만 이러한 태도가 사이비 과학이나 미신을 받아들여도 좋다는 것을 뜻하지는 않는다. 그는 오히려 신비주의, 초과학주의, 초자연주의 그리고 사이비 과학의 잘못과 문제점들을 하나하나 파헤치고 있다. 세이건에 의하면 그것들의 가장 큰 문제는 객관적인 경험적 증거에 근거하고 있지 않다는 데 있다. 이들은 하나같이 맹목적인 믿음 또는 잘못된 지식에 근거한 믿음들을 포함한다. 이런 것들은 사람들이 합리적으로 생각하는 것을 막고, 개인과 사회를 비합리적인 사회로 만들어가는 주범이다. 세이건은 모든 분야에 대해서 열린 마음을 가지고 바라볼 것을 권하지만, 한편으로 그런 태도를 거부하는 신비주의나 사이비 과학 등은 우리가 받아들여서는 안 되는 것들이라고 주장한다.

이를 위해서 대중들은 과학적 지식들을 잘 이해하고 있어야 하고, 나아가서 과학적 사고방식을 가지고 사물을 바라볼 수 있어야 한다. 그리고 대중들이 그런 능력을 가질 수 있도록 도와주는 것은 바로 과학자들이 해야 할 일이다.

Chapter 3

Carl Sagan

대화

TALKING

Stephen Hawking

우주의 대변인들,
칼 세이건과 스티브 호킹의 공동 인터뷰

1996년 여름, GSI 방송국 과학부 PD로 일하고 있던 나는 세이건 박사와 호킹 박사의 공동 인터뷰를 추진하고 있었다. 당대 최고의 과학자요 최고의 저술가였던 그 두 사람과의 대담을 통해 각각의 과학자로서의 삶과 저술가로서의 삶을 조명해보고 싶었기 때문이다. 그들의 대중적 인기가 대단하다는 사실도 인터뷰를 추진하게 된 중요한 동기였다. 사실 두 박사의 연구 분야나 관심사가 약간은 달랐지만, '과학의 대중화'라는 주제에 깊이 공감하고 있다는 공통점이 있었다. 또 자신의 분야에서 최고라는 사실에 머무르지 않고, 자신들의 지식을 대중들에게 쉽게 전달하기 위해 많은 노력을 했다는 점에서도 비슷했다. 많은 사람들이 호킹 박사의 《시간의 역사》라는 책을 알고 있을 뿐 아니라 그의 드라마틱한 삶에 대해서도 알고 있다. 또한 사람들은 세이건 박사가 집필한 TV 시리즈 〈코스모스〉(1980)의 애청자일 뿐 아니라 소설 《콘택트》의 애독자이기도 하다. 두 박사와의 인터뷰는 엄청난 히트를 기록할 것이 틀림없었다.

이런 계획을 가지고 있던 차에 갑자기 다급한 소식이 날아들었다. 세이건 박사가 병원에 입원했다는 소식이었다. 백혈병에 걸렸다는 진단을 받은 이후 세 번째 입원이었다. 나는 세이건 박사의 건강이 더 악화되면 계획했던 공동 인터뷰를 다시는 추진하지 못할지도 모른다는 생각에 서두르기 시작했다. 우선 영국의 호킹 박사에게 연락해서 양해를 구한 다음, 세이건 박사가 퇴원하는 즉시 공동 인터뷰를 갖기로 했다. 그리고 인터뷰 형식은 대륙 간 위성중계를 통한 화상 인터뷰로 하기로 했다. 세이건 박사의 건강 상태가 몹시 좋지 않은 데다가, 호킹 박사 역시 오래전부터 루게릭병을 앓고 있던 상태라 두 과학자를 한자리에 모시는 것이 사실상 불가능했기 때문이다. 인터뷰 제목은 '우주의 대변인들, 칼 세이건과 스티븐 호킹'으로 정해졌다. 그로부터 보름 뒤, 세이건 박사의 상태가 약간 호전되어

자택으로 돌아왔다는 소식을 전해 들은 나는 긴박하게 움직였다. 우리 방송국에서 파견한 영국 특파원이 호킹 박사의 집을 방문해서 방송 준비를 하기 시작했고, 나는 다른 스태프들과 함께 세이건 박사의 집을 찾았다. 드디어 역사적인 인터뷰가 시작된 것이다.

휠체어에 앉은 채로 우리를 맞이하는 세이건 박사는 생각보다 더 많이 안 좋아 보였다. 문득 이렇게 편찮으신 분께 인터뷰를 요청해 미안하다는 생각이 들었지만, 사실 이 인터뷰는 그가 평생 해오던 일들을 총결산하는 의미가 있는 중요한 인터뷰였기 때문에 그 자신도 즐겁게 임해주리라고 생각했다. 스태프들이 얼마간 분주하게 작업한 끝에 모든 인터뷰 준비가 끝났다. 드디어 카메라가 돌아가고, 세이건 박사의 거실에 설치된 이동식 화면을 통해 영국에서 전송돼오는 호킹 박사의 모습이 보이기 시작했다. 나는 침을 꿀꺽 삼켰다. 드디어 카메라에 빨간 불이 들어왔다.

|PD| 전 세계 시청자 여러분! 안녕하십니까? GSI 방송국의 김창식 PD입니다. 오늘은 '우주의 대변인들, 칼 세이건과 스티븐 호킹'이라는 제목으로 여러분을 찾아뵙게 되었습니다. 지금 제 옆에는 칼 세이건 박사님께서 나와 계시고, 스티븐 호킹 박사님께서는 위성으로 연결이 되어 있는 상태입니다. 두 분 박사님들! 안녕하십니까?

|세이건| 안녕하십니까?

|호킹| (잠시 뒤, 컴퓨터가 만들어내는 소리가 들린다) 안녕하십니까?

|PD| 두 분 모두 몸이 불편하신데, 이 공동 인터뷰에 응해주셔서 감사합니다. 먼저, 세이건 박사님! 요즘 많은 사람들이 박사님의 건강 문제로 걱정을 많이 하고 있는데 좀 어떠신지요?

|세이건| 아, 네. 걱정을 끼쳐드려 송구스럽게 생각합니다. 주기적으로 몸이 좋지 않아 입원도 여러 차례 했고 지속적인 치료를 받고 있습니다만, 빨리 좋아지기는 힘들 것 같습니다. 그래도 여러분이 많이 걱정해주신 덕분에 요즘은 한결 좋아진 것 같습니다.

|PD| 네, 이번에는 호킹 박사님의 말씀을 들어보도록 하겠습니다. 호킹 박사님? 요즘 근황이 어떠신지요?

|호킹| 이제는 저의 병에 적응이 돼서 별 불편함도 모르고 지냅니다. 병이 더 악화되지는 않고, 그냥 정지되어 있는 것이 저로서는 무척 다행스러운 일이지요. 덕분에 강의도 하고 강연도 하고, 이렇게 인터뷰에도 응하고 있습니다.

|PD| 그렇군요. 두 분 박사님께서는 연구 분야는 약간 다르지만,

'우주'라는 공통점이 있는데요. 구체적으로 어떤 연구들을 하셨는지 말씀해주시겠습니까?

|세이건| 저는 천문학과 천체물리학으로 박사학위를 받은 이후로 주로 태양계 행성에 관한 연구를 해왔습니다. 그중에서도 좀 더 구체적으로 말하면 '태양계 행성의 대기'가 제 전문 분야라고 할 수 있죠. 아시다시피 지구만 대기를 가지고 있는 것은 아닙니다. 다른 행성들도 대기를 가지고 있죠. 물론 태양에서 가장 가까운 수성은 대기가 없지만 말입니다. 그런데 다른 행성들의 대기는 그 성분이나 양상이 지구의 그것과는 많이 다르죠. 저는 행성들의 대기를 연구해서, 행성들의 기원과, 나아가서는 태양계의 기원을 밝히는 연구들을 해왔습니다. 그리고 저는 이론적인 연구들도 많이 했습니다만, 실제로 외계 행성을 탐사하는 일에도 많이 참여했죠. 매리너, 보이저, 바이킹, 갈릴레오, 패스파인더 화성 탐사선 등이 제가 주도적으로 참여했던 우주 탐사 계획에서 사용되었던 탐사선들이죠. 그 외에도 우주와 생명의 기원에 관한 연구들을 했고, 특히 외계 지적 생명체 탐사 프로젝트인 SETI에도 깊이 관여했습니다. 그 결과 우주생물학이라는 새로운 분야를 개척하기도 했죠.

|PD| 말씀을 듣고 보니, 세이건 박사님은 팔방미인이라는 생각이 듭니다. 이번에는 호킹 박사님의 말씀을 한번 들어보죠.

|호킹| PD 선생님 말씀처럼, 세이건 박사님은 아주 다양한 활동을 많이 하셨군요. 하지만 저는 주로 이론적인 연구에 몰두해왔다고 말씀드릴 수 있겠습니다. 워낙 건강이 좋지 못했던 이유도 있었겠지만, 이론적인 작업이 제 적성에는 더 잘 맞는 것 같습니다. 저는 〈팽창하는 우주의 성질^{Perturbations of an Expanding Universe}〉(1966)이란 제목의 박사학위 논문을 쓴 이래로, 우주의 기원에 대한 이론적인 접근들을 시도했고, 또 한편으로는 블랙홀에 관한 연구를 수행했습니다.

|PD| 특별히 이 두 분야에 관심을 가진 이유라도 있으신지요?

|호킹| 이 두 분야는 겉으로 보면 별 연관성이 없어 보입니다. 하나는 우주의 시작에 관한 문제이고, 다른 하나는 별들의 죽음에 관한 문제이기 때문입니다. 하지만 이 둘은 매우 중요한 공통점을 가지고 있는데, 그것은 상대성이론과 양자역학 모두를 이용해야 설명이 되는 현상들이라는 것입니다.

|PD| 좀 더 구체적으로 설명해주시겠습니까?

|호킹| 특수상대성이론은 주로 엄청나게 빠른 속도로 운동하고 있는 물체를 연구하는 데 사용됩니다. 아인슈타인은 이 특수상대성이론을 더 발전시켜 일반상대성이론을 만들어냈는데, 이 일반

상대성이론은 중력이 공간과 시간에 어떤 영향을 미치는지 설명해주죠. 중력이 작을 때는 그 영향도 작겠습니다만, 중력이 커지면 시공간의 구조에 미치는 영향도 커져서, 우리가 상식석으로 이해하기 힘든 일들이 많이 생깁니다. 이런 현상들은 일반상대성이론만이 설명해줄 수 있습니다. 한편으로 온도나 압력이 매우 높은 물리 현상들을 설명하기 위해서는 양자역학이 필요합니다. 이 양자역학은 원자 단위에서 물질들이 어떤 물리적 상태를 가지며 어떤 물리적 변화를 겪는지를 보여주는 이론이죠. 따라서 우주의 시작에 관한 문제나 블랙홀 문제를 설명하는 데는 이 두 이론이 모두 필요하다고 할 수 있습니다. 이 문제들은 모두 다 인간이 상상할 수 없는 극한 조건들을 가지고 있기 때문이죠. 하지만 상대성이론과 양자역학은 서로 조화되지 않는 성질을 가지고 있어서 두 이론을 함께 사용할 때 문제가 발생합니다. 결국 두 이론을 조화시키는 것이 중요해지게 되는 거죠.

|PD| 음, 조금씩 어려워지기 시작하는데요. 그 부분을 약간 쉽게 설명해주실 수 있으시겠습니까?

|호킹| 우리 인간은 시간과 공간이라는 틀을 가지고 세계를 바라봅니다. 그런데 우리가 가지고 있는 틀은 3차원의 공간과 거기에 독립적으로 끝없이 흘러가는 시간이지요. 양자역학은 이러한 시간과 공간의 틀에 이의를 제기하지 않습니다. 그 틀을 그대로

사용해서 미세한 원자의 세계를 그려나가죠. 하지만 상대성이론은 우리가 기존에 생각하던 시간과 공간의 틀에 수정을 가합니다. 3차원의 공간과 그 공간을 관통하는 시간의 틀이 아니라, 시간과 공간이 결합되어 있는 4차원의 시공간을 새로운 틀로 사용하는 거죠. 그러다 보니 상대성이론과 양자역학을 함께 사용할 때, 어떤 틀을 채택해야 하느냐가 문제가 됩니다. 우주의 기원과 블랙홀은 바로 이런 세계를 바라보는 틀에 대한 문제를 제기해 주는 대표적인 현상들인 겁니다.

|PD| 그렇다면 박사님의 해결책은 무엇인가요?

|호킹| 많은 사람들이 이미 이 문제를 가지고 씨름을 많이 했습니다. 그 결과 양자장 이론quantum field theory*이라는 새로운 분야가 탄생했죠. 저는 이 양자장 이론을 더욱 정교하게 발전시키는 연구들을 수행하는 한편, 이른바 끈 이론string theory*이라고 불리는 것들을 다시 거기에 접목시키는 연구도 수행했죠. 이런 작업들 덕분에 우리는 과거 어느 때보다 대

◆ **양자장 이론**

모든 소립자의 발생, 소멸, 성질이나 그들 사이의 상호작용 현상을 장(場)의 개념을 가지고 통일적으로 설명하기 위한 물리학 이론의 하나.

◆ **끈 이론**

만물의 최소 단위가 아주 작은 '진동하는 끈'이라는 이론. 자연계의 기본 입자는 무한한 자유도를 갖는 1차원 끈으로 되어 있어서, 에너지가 작으면 진동이 약해져 끈이 풀리고 반대로 에너지가 커지면 강한 진동으로 끈이 입자처럼 단단해진다는 것. 이러한 끈의 진동 패턴 변화를 관찰해 모든 힘을 다 설명할 수 있다는 입장이다. 양자역학과 상대성이론을 아우르는 통합 이론의 실마리를 제공하고 있다.

폭발이나 블랙홀에 대해서 더 많이 알게 되었습니다.

|PD| 이를테면 어떤 것들이죠?

|호킹| 예를 들어 블랙홀을 생각해봅시다. 기존 이론에 의하면 블랙홀은 모든 것들을 다 빨아들이기 때문에, 블랙홀에서 방출되는 것은 아무것도 없다고 생각했습니다. 그러나 오래전에 저는 '호킹복사'라고 불리는 에너지 방출이 블랙홀에서 일어날 수 있다고 주장했습니다. 하지만 그 결과 블랙홀이 에너지를 다 방출해버리고 나면 우주에서 증발하게 되고, 그 안에 있던 정보도 모두 소멸해버리게 되는 거죠. 하지만 양자 정보 이론quantum information theory에 의하면 정보는 소멸될 수 없습니다. 따라서 블랙홀이 증발하기 전에 자신이 가지고 있던 정보를 방출하는 과정이 필요하다고 생각했고, 그 모델을 구성하는 데 성공한 것이죠. 결국 블랙홀은 모든 것을 다 빨아들이기만 하는 것이 아니라, 에너지와 정보를 밖으로 방출하기도 한다는 거죠. 결국 '블랙홀이 그렇게 검지만은 않다'라고 말할 수 있죠.

|PD| 네. 두 분의 연구 내용을 들어보니, 역시 그 업적들이 대단하다는 생각이 듭니다. 이제 주제를 조금 바꿔서, 세이건 박사님께 한 말씀 여쭤보겠습니다. 박사님께서는 처음에 UFO가 외계인이 타고 온 우주선이라는 사실에 대해 많은 거부감을 가지고

있었다고 알려져 있습니다. 하지만 다른 한편으로는 외계 문명을 탐사하는 프로젝트인 SETI 프로젝트에 깊이 참여하시기도 하셨죠. 이건 좀 모순된 행동이 아닌가요?

|세이건| 얼핏 보면 그렇게 보일지도 모릅니다. 하지만 저는 그게 모순된 행동이라 생각하지 않습니다. 사실 저는 외계인이 존재하지 않는다고 주장한 적은 한 번도 없습니다. 단지 UFO에 대한 이야기들이 붐을 이룰 때가 있었는데, 그때 저는 과학자들과 일반인들이 막연한 신비감 또는 두려움을 가지는 것을 경계했던 것이지요. 사실 UFO가 외계인의 우주선이라는 증거는 그 어디에도 없습니다. 그것들은 모두 추측이죠. 그런 추측만 가지고 외계인이 있다 없다 말하는 것은 비과학적입니다. 저는 그것보다는 과학적인 방법으로 그들의 존재를 확인하고 싶었어요. 그것이 바로 제가 SETI 프로젝트에 그렇게 열성적이었던 이유입니다. 적어도 그 프로젝트는 과학적이고 객관적인 방법으로 그들의 존재를 찾고 있었으니까요.

|PD| 박사님의 소설 《콘택트》는 그런 박사님의 믿음을 담고 있는 것이라고 할 수 있겠죠?

|세이건| 그렇습니다. 그 소설의 주인공 엘리는 이상적인 과학자의 모델이라고 할 수 있습니다. 그는 외계인의 존재에 대한 믿음을

가지고 있었지만, 그들의 존재를 확인하기 위해서 철저하게 객관적인 방법을 사용합니다. 물론 거기에는 무한한 인내와 열정이 요구되지만 말이죠. 그 결과 외계인이 보내준 설계도를 바탕으로 우주선을 만들게 되고, 결국 외계인과 만나게 되죠. 그것은 우리 모두가 꿈꾸고 있는 이상이라고 할 수 있습니다. 엘리는 그이상을 과학적이고 객관적인 방법으로 이루어내고 있는 것이죠.

|PD| 결국 박사님께서는 외계인에 대한 막연한 신비주의나 비과학적인 방법들을 거부하신 것이군요.

|세이건| 그렇습니다. 사실 신비주의나 비과학 또는 사이비 과학은 우리가 아주 경계해야 할 것들입니다. 이 사회를 비합리적으로 만들 뿐만 아니라, 대중과 과학 사이의 거리를 점점 멀어지게 만드는 주범이기 때문입니다.

|PD| 세이건 박사님의 그 말씀은 과학의 대중화와 관련이 있는 것 같은데요. 이 주제에 대해서는 조금 뒤에 다시 논의해보도록 하겠습니다. 지금은 외계 문명에 대한 이야기가 나왔으니까, 여기에 대한 호킹 박사님의 견해를 여쭤보도록 하겠습니다. 호킹 박사님께서는 외계 문명에 대해서 어떻게 생각하십니까?

|호킹| 저는 개인적으로 외계 문명에 대한 이야기는 참 조심스러

운 주제라고 생각합니다. 왜냐하면 세이건 박사님께서 말씀하신 것처럼 객관적인 증거에 근거해 이야기해야 하는데, 외계 문명에 대해서는 아직 이렇다 할 객관적인 증거가 없기 때문이지요. 그래서 우리가 할 수 있는 것은 다만 추측뿐이라는 것을 미리 말씀드리고 싶습니다. 하지만 어떠한 방식으로 추측하느냐 하는 것은 중요하죠. 저는 그 추측의 근거로 '인간 원리'를 이용할 것을 제안했습니다.

|PD| 인간 원리라는 것은 어떤 것이죠?

|호킹| 많은 과학자들이 생명의 기원에 대해서 연구를 할 때 항상 관심을 가지는 것은, 우주가 어떠한 방식으로 진화했는가 하는 것입니다. 즉, 우주의 진화에 대해서 먼저 관심을 갖고, 그 다음에 그 결과들을 바탕으로 생명이 어떻게 탄생했는지 연구해보는 거죠. 하지만 인간 원리는 좀 다른 접근 방식을 취합니다. 인간 원리는 우선 인간의 존재를 가정합니다. 그리고 인간이 존재하기 위해서는 우주가 어떤 방식으로 진화되어 왔어야 했는지를 연구하는 것이죠. 예를 들면 우주에는 여러 가지 상수 값이 있는데, 그것들 중에는 그 값이 조금만 바뀌어도 인간이 출현하지 못했을 그런 값들이 있습니다. 대표적인 것이 바로 중력상수˚죠. 만약 중력상수의 값이 조금만 달랐더라도 우주의 진화 양상은 지금과는 많이 달라졌을 것입니다. 그러면 현재 인간이 존재하

지 않을 수도 있었겠죠. 하지만, 우주의 여러 상수들이 절묘하게 조화를 이루어서, 지금의 우주를 만들어냈고, 이 우주가 인간이 출현할 수 있는 적합한 환경을 가지게 된 것입니다.

|PD| 이러한 인간 원리에 근거해서 본다면, 외계인에 대해서 어떻게 결론을 내릴 수 있을까요?

|호킹| 다시 한 번 말씀드리지만, 전 어떤 결론을 내리고 싶지는 않습니다. 다만 모든 가능성을 다 고려해보는 것이죠. PD 선생님 질문에 대한 답을 해보겠습니다. 인간 원리에 의하면, 우주의 역사에서 우리가 살고 있는 이 시점, 그리고 이 장소는 아주 특별하다는 것입니다. 우주는 끝없이 넓지만, 그중에서 우리에게 알려진, 생명체가 존재할 수 있는 조건을 정확하게 충족시키는 곳은 지구 이외에는 없습니다. 또한 시간적으로 보아도, 더 이른 역사의 단계나 더 늦은 역사의 단계에서는 우리와 같은 인간이 존재할 수 없죠. 이 시점 역시 매우 특별한 시점입니다. 그리고 이런 장소의 제약과 시간의 제약이 절묘하게 맞아떨어져서 우리 인간이 존재할 수 있는 가능성은, 사실 매우 희박한 것입니

🪐 중력상수

만유인력의 법칙에서 두 물체가 서로 끌어당기는 중력의 크기를, 물체들의 질량과 그 사이의 거리에 관련시켜 나타내는 상수. 만유인력상수라고도 하며 보통 $G = 6.67259 \times 10^{-11}(N \cdot m2/kg2)$라고 표현한다. 1797년 영국의 물리학자 헨리 캐번디시(Henry Cavendish, 1731~1810)가 처음으로 간접 측정했다.

다. 결국 인간이 존재하는 것 자체가 기적이라고 할 수 있죠. 외계의 지적 생명체를 기대하는 것은, 바로 이런 기적이 또 일어나기를 기대하는 것과 같습니다.

|PD| 그렇다면 외계의 지적 생명체를 기대하기는 어렵겠군요.

|호킹| 물론 그렇습니다. 하지만 불가능한 것은 아니죠. 단지 가능성이 무척 낮다는 말씀이죠. 하지만 가능성은 항상 열려 있다고 봐야죠.

|PD| 그럼, 호킹 박사님께서는 UFO에 대해 어떻게 생각하십니까? 외계 문명의 존재 가능성을 인정한다면, UFO는 외계 문명인의 우주선일 가능성도 있는 것입니까?

|호킹| 음……. 그건 좀 다른 문제인데요. 외계 문명의 존재를 믿는다고 하더라도, 그들이 UFO를 타고 지구에 온다고 생각하는 것은 조금 비약일 듯싶습니다. 왜냐하면 인간 원리에 의해서 외계 문명의 존재 가능성을 인정한다고 하더라도 그들이 우리가 존재하기 훨씬 전에 존재했다가 멸종했을 가능성도 있고, 또 지금 현재 존재한다고 하더라도 그들의 기술력이 우리를 방문할 수 있을 만큼 뛰어날 가능성은 여전히 희박한 게 사실이니까요. 그리고 또 한 가지는, 지적 생명체가 존재한다고 하더라도, 그들

이 존재하는 방식이 우리 인간과는 많이 다를 수 있다는 것이죠. 예를 들면 UFO에 대한 우리의 생각은 외계인도 우리처럼 먼 상소를 이동하고자 하는 욕구가 있고, 그 욕구를 해결하기 위해서 비행기나 우주선 같은 것을 이용한다는 생각을 전제하고 있는 것인데요. 사실 외계인이 꼭 그러리라는 보장은 없지 않습니까? 그들은 우리와는 전혀 다른 방식으로 존재할 수 있다는 것이죠.

|PD| 그럴지도 모르겠군요. 결국 호킹 박사님께서는 이론적인 관점에서 외계 문명에 대한 모든 가능성들을 다 고려해보았을 때, UFO가 외계인의 우주선일 가능성은 아주 희박하다는 것이군요.

|호킹| 그렇습니다. 아까 말씀드린 것처럼, 결국 가능성의 문제 아니겠습니까? 세이건 박사님께서 말씀하셨다시피, 뭐 확실한 게 하나도 없으니 더 구체적인 이야기를 지금 시점에서 하기는 힘든 게 사실이죠.

|PD| 이제 외계 문명 이야기는 이 정도로 하고, 다른 주제로 한 번 넘어가보죠. 두 분 박사님들께서는 일선에서 과학 연구를 이끌어오신 분들이지만, 한편으로는 다른 어떤 분들보다도 과학의 대중화에 힘쓰신 분들이라는 평가를 받고 있습니다. 그래서 오늘 인터뷰 주제도 '우주의 대변인들—칼 세이건과 스티븐 호

킹'으로 정했는데요. 특별히 과학 대중화에 힘쓰시게 된 동기라면 어떤 것들이 있을까요?

|세이건| 저 같은 경우는, 앞에서도 잠시 말씀드렸다시피 신비주의나 사이비 과학에 대한 많은 거부감이 있었습니다. 저는 제 자신이 과학을 하는 동안, 주위에서 일어나고 있는 많은 비과학적인 일들을 목격했지요. 아까 말씀드린 UFO도 그중 한 예라고 할 수 있고, 또 미신이라든지 어떤 것에 대한 맹신이라든지 하는 것들이 모두 비과학적인 일들이죠. 사실 잘못된 신념보다 더 위험한 것은 없습니다. 그것 때문에 사람과 사람 사이에, 또는 국가와 국가 사이에 전쟁까지 일어나지 않습니까? 결국 자신의 신념은 옳고 남의 신념은 틀렸다고 생각하기 때문에 일어나는 일들입니다. 그것은 비과학적인 사고방식이지요. 그래서 저는 올바른 과학적인 사고방식, 즉 객관적인 증거에 기초해서 모든 것을 바라보자는 태도를 좋아합니다. 이렇게 되면 자신의 신념에 대해서도 겸허하게 다시 한 번 돌아볼 수 있지요.

|PD| 사람들이 박사님을 '회의주의자'라고 부르는 것은 그것 때문이지요?

|세이건| 그렇다고 할 수 있겠군요. 회의주의라는 것은 모든 것을 의심해보는 태도라고 할 수 있습니다. 사람들은 남의 신념은 잘

의심하지만, 자신의 신념에 대해서는 잘 의심해보지 않습니다. 하지만 회의주의는 자신이 믿는 신념에 대해서도 일난 한번 의심해볼 깃을 권합니다. 그것이 얼마나 객관적이고 설득력 있는 것인지 말이죠. 그래야만 다른 사람들과도 의사소통이 가능하게 될 테니까요.

|PD| 박사님의 작품 《코스모스》에 대해서도 한 말씀 해주시죠. 그 책이 그렇게 성공을 거둔 이유가 뭐라고 생각하십니까?

|세이건| 사실 저는 《코스모스》가 그렇게 대중적인 성공을 거두리라고는 상상도 하지 못했습니다. 처음 그 책이 출판된 이래로 과학 관련 도서들 중에서는 최고의 베스트셀러 자리를 지키고 있지요. 그렇게 된 이유는 제가 생각해볼 때 두 가지인 것 같습니다. 하나는 신비로운 우주의 모습을 딱딱한 언어가 아닌, 아름다운 시와 같은 언어로 풀어냈다는 것이고, 또 다른 하나는 우주의 모습을 통해서 자신을 성찰할 수 있는 기회를 가질 수 있도록 해주었기 때문이라고 할 수 있죠.

|PD| 첫번째 이유는 쉽게 이해가 되는데, 두 번째 이유는 쉽게 이해되지 않습니다. 좀 더 자세히 설명해주시겠습니까?

|세이건| 이를테면, 수억 광년 떨어진 은하가 있다고 칩시다. 우리

는 이 은하를 직접 관찰할 수 없습니다. 천문학자들만이 망원경을 통해서 관찰할 수 있죠. 그렇지만 이 은하는 우리와 아무 상관이 없는 은하가 아닙니다. 오히려 우리와 깊은 관계가 있을 수 있죠. 이 은하의 기원과 우리의 기원을 거슬러 올라가면 결국 같은 지점에서 출발했다는 것을 알 수 있으니까요. 우주가 시작되어 성장해가는 과정에서 그 은하도 나왔고, 우리도 생겨났습니다. 그리고 그 은하를 이루고 있는 물질이나 우리를 이루고 있는 물질이나 결국은 같은 것입니다. 우리는 그 은하를 통해서 바로 우리의 모습을 볼 수 있는 것이지요. 저는 광대하고 신비로운 우주가 우리와 별개의 것이 아니라 우리가 속해 있고 우리가 살아가는, 따라서 우리와 운명적으로 연결된, 우리의 무대라는 것을 보여주려고 했습니다.

|PD| 호킹 박사님의 경우는 어떻습니까?

|호킹| 저의 고민 역시 제가 연구하고 있는 과학이 대부분의 사람들에게는 너무 어렵다는 것이었습니다. 그러다 보니 많은 사람들이 저나 제 동료들의 연구 내용을 잘 이해하지 못한 채, 막연한 두려움이나 신비감만 갖게 되는 것을 느꼈습니다. 하지만 과학 지식이라는 것은 과학자들만의 전유물이 아니지 않습니까? 그래서 일반인들에게 제가 연구하는 내용을 알려줘야겠다는 생각을 하게 되었지요. 그래서 처음으로 낸 책이 《시간의 역사》입니다.

|PD| 박사님의 책 《시간의 역사》 역시 과학 부문 최고의 베스트셀러가 되었는데요. 그 책에는 어떤 내용들이 담겨 있나요?

|호킹| 사실 저는 그 책에서 일반인들이 관심을 가질 만한 내용들을 가능한 한 많이 다루고 싶었습니다. 그래서 우주의 기원에 대한 이야기, 블랙홀에 대한 이야기, 그리고 시간에 대한 이야기들을 다루었습니다. 과학의 통합에 관한 이야기도 넣었지요.

|PD| 다른 이야기들은 앞에서 많이 논의된 것 같으니까, 지금은 과학의 통합에 대한 이야기를 좀 더 자세히 해주시죠.

|호킹| 사실 과학의 통합이라는 주제는 모든 과학자들의 꿈입니다. 그 말은 결국 아직 과학이 통합되지 못했다는 의미이기도 하지요. 이 세상에 존재하는 많은 현상들은 단 하나의 이론만으로는 설명되지 않는 다양한 측면들이 존재합니다. 예를 들어 대폭발 이론을 생각해봅시다. 우주에 처음 대폭발이 일어났을 때, 새로운 물질들이 생성되고 팽창해나가는 모습을 기술하기 위해서는 상대성이론과 양자역학 등의 이론을 사용해야 합니다. 하지만 이 두 이론은 어떤 현상의 서로 다른 측면에 관심을 가지는 전혀 다른 이론들이죠. 어떤 부분에서는 이 두 이론이 서로 상반된 이야기를 하기도 합니다. 이것이 과학자들의 고민이지요. 한 가지 현상을 설명하기 위해서 서로 이질적인 다른 이론들을 사

용해야 한다는 것은 그리 썩 내키는 일이 아닙니다. 따라서 이 이론들을 뛰어넘는 더 발달된 이론 하나로 모든 현상들을 깨끗하게 설명할 수 없을까 하는 생각이 들기 시작한 거죠. 이것이 바로 과학의 통합에 대한 이야기입니다.

|PD| 그렇군요. 그럼 앞으로 그 전망은 어떻습니까? 언제쯤 그런 이론이 등장할 수 있을까요?

|호킹| 글쎄요. 지금으로선 뭐라고 말씀을 드릴 수 없군요. 어쩌면 가까운 시일 내에 가능할 수도 있고, 어쩌면 아주 오랫동안 해결되지 않을 수도 있습니다. 사실 모든 사람들이 존경해 마지 않던 당대 최고의 천재 아인슈타인도 수십 년간 이 문제로 씨름했고 저 역시 고민하고 있습니다만, 아직 이렇다 할 성과는 없다고 말씀드릴 수밖에 없군요. 하지만 이것이 절망적인 것은 전혀 아닙니다. 과학이라는 것은 결국 수많은 사람들의 땀이 모이고 모여서 전진해나가는 것이니까요. 어쩌면 이 인터뷰를 보고 있을 젊은 학생들 중에 이 문제를 해결할 수 있는 훌륭한 과학자들이 많이 나올 수도 있겠죠. 사실은 이것이 과학의 대중화가 필요한 이유이기도 합니다. 결국 많은 사람들이 과학에 관심을 가질수록, 그 안에서 훌륭한 과학자가 나올 확률이 높아지기도 하는 것이니까요. 이러한 현상은 마치 축구와 같습니다. 브라질 축구가 오랫동안 세계 랭킹 1위인 이유는, 다름이 아니라 모든 국민

들이 축구에 열광하기 때문입니다. 브라질의 모든 곳에서 축구를 하는 어린이들을 쉽게 발견할 수 있습니다. 그러니 그중에서 재능 있는 사람들이 축구팀을 구성하면 세계 최고의 팀이 되지 않겠습니까? 결국 축구의 대중화가 오늘날의 브라질 축구를 만든 것이지요. 과학도 마찬가지입니다. 일반인들이, 특히 젊은이들이 과학에 많은 관심을 가질수록 과학은 더 많이 진보하게 될 것입니다.

|PD| 참으로 옳으신 말씀이라는 생각이 듭니다. 그런데 호킹 박사님! 지금 세이건 박사님과 공동 인터뷰를 하고 계신데, 두 분이 서로 인사를 나누지는 못한 것 같군요. 늦었지만, 지금이라도 서로 인사 나누세요.

|호킹| 사실 세이건 박사님과 이렇게 같이 방송에 출연할 수 있어서 매우 영광입니다. 세이건 박사님은 제가 평소에 아주 존경하던 분입니다.

|세이건| 그렇게 말씀해주시니, 제가 오히려 영광입니다. 호킹 박사님의 명성은 정말 대단하다고 생각합니다.

|PD| 네, 지금까지 칼 세이건 박사님과 스티븐 호킹 박사님과의 인터뷰였습니다. 대단히 감사합니다.

Chapter 4

Carl Sagan

이슈

ISSUE

Stephen Hawking

정상우주론이
대폭발 이론의 대안이 될까?

사람들은 과학 이론이 절대적인 진리라고 쉽게 믿어버리는 경향
이 있다. 특히 많은 과학자들이 주장하는 이론이라면 더욱 그럴
것이다. 우리가 앞에서 살펴보았던 대폭발 이론 역시 그중의 하
나다. 대폭발 이론은 거의 모든 과학자들이 받아들이고 있고, 대
부분의 과학 서적에서 다루고 있기 때문에, 우리는 대폭발 이론
이 진리라는 생각을 아주 쉽게 가질 수 있다. 즉 대폭발 이론이
이야기하는 것처럼, 실제 우주는 대폭발에 의해서 시작되어 대
폭발 이후 현재의 우주로 진화해왔다는 것을 기정사실로 받아들
이는 것이다.

그러나 어떤 사람들은 과학 이론의 가치는 그것이 참이냐 아
니냐에 달려 있는 것이 아니라, 그것이 우리가 관찰하는 현상을
잘 설명해주느냐 아니냐에 달려 있다고 주장한다. 대표적인 사
람이 바스 판 프라센 Bas van Fraassen, 1941~ 인데, 그의 주장에 의하면

과학 이론은 관찰된 현상을 설명해주는 도구일 뿐 결코 절대적인 진리는 아니다. 그는 과학자들이 어떤 현상들을 설명하기 위해 이론을 '구성'할 뿐이고, 이렇게 '구성'된 과학 이론은 현상을 잘 설명해주기만 하면 된다는 것이다.

우리는 대폭발 이론에 대해서도 동일한 이야기를 할 수 있다. 많은 과학자들이 대폭발 이론을 받아들이는 것은 그 이론이 거짓 없는 진리이기 때문이라기보다 그 이론이 자신들이 관측한 우주의 여러 현상들을 잘 설명해주기 때문이다. 물론 현상을 잘 설명해주는 이론이 그렇지 않은 이론보다 진리일 가능성이 더 높기는 하지만, 그것이 그 이론이 진리임을 보장해주지는 않는 것이다.

실제로 어떤 과학자들은 대폭발 이론이 진리라고 생각하지 않고 다른 이론을 제시하기도 한다. 대폭발 이론이 아직도 해결되지 못한 이런저런 문제점들을 가지고 있기 때문이다. 예를 들면 현재 우리가 가지고 있는 이론으로는 대폭발이 일어난 순간, 즉 특이점의 순간에 어떤 일들이 구체적으로 있었는지 알아낼 수가 없다. 그리고 과학자들로서는 현재의 과학 이론으로 설명할 수 없는 현상을 사실로서 받아들이는 것이 부담스러운 일인 것이다. 또 다른 문제는 우주에 대폭발이라는 시작점이 있었다면, 우리는 그 시작점 이전에는 무엇이 있었는지 물어볼 수 있을 텐데, 대폭발 이론은 여기에 대해서도 만족할 만한 대답을 하지 못한다. 물론 앞에서 살펴본 것처럼 호킹은 무경계 가설을 통해서 대폭발 이전에 대해 물어보는 것은 무의미한 일임을 주장했다. 하지만 호킹의 무경계 가설 자체도 고도로 이론적인 가설이고 시간에 대한 우리의 직관과는 잘 들어맞지 않기 때문에, 많은 사람들은 대폭발 이전에 대해서 아무런 설명을 하지 못하는 대폭발 이론에 대해서 여전히 불만을 가지고 있다. 따라서 이런 이들은 자연스럽게 대폭발 이론에 대한 강력한 대안으로서 정상우주론을 지지한다.

정상우주론은 1910년대에 아인슈타인에 의해서 이론적으로 설명되기도 했지만, 본격적으로 연구된 것은 20세기 중반 호일, 본디, 골드 등에 의해서였는데 그중에서도 호일의 연구가 유명하다.

호일은 이 문제를 수학적으로 접근했다. 대폭발 이론에 의하면 모든 물질들은 대폭발 당시에 만들어진 것이고, 그 이후에는 상태만 변할 뿐 새로운 것이 창조되지는 않는다. 하지만 정상우주론은 그러한 결과를 받아들일 수 없다. 왜냐하면 우주가 팽창함에도 불구하고 계속 똑같은 모습을 유지하기 위해서는 지속적으로 새로운 물질들이 창조되어야 하기 때문이다. 다시 말해서, 우주가 팽창하면서 부피가 증가하는데도 질량이 그대로라면 우주의 밀도는 점점 줄어들게 될 것이고, 이것은 우주의 변화를 의미하게 된다. 따라서 우주의 밀도가 일정하게 유지되기 위해서는 부피가 증가함에 따라 질량 역시 증가해야 하는데, 이것은 새로운 물질이 창조되어야만 가능한 것이다.

한편 이러한 물질들이 창조되기 위해서는 에너지가 지속적으로 공급되어야 하는데, 호일은 은하의 주변에 이러한 에너지 저장소가 존재한다고 생각했다. 그리고 이 에너지 저장소가 에너지를 주위로 공급함에 따라 저장소 내의 에너지 농도가 옅어지지 않기 위해서는 이 안에 들어 있는 에너지가 음^{negative}의 에너지를 가지고 있어야 한다. 그 결과 우주의 팽창과 새로운 물질의 창조 과정 속에서 에너지의 정상 상태가 유지되는 것이다.

중요하지만 잘 알려지지 않은 한 가지 사실은 정상우주론이 전자기학과 양자역학에 중요한 기여를 한다는 사실이다. 전자기학의 가장 기본적인 방정식인 맥스웰 방정식에는 두 가지 해^{solution}가 존재하는데, 하나는 양의 해이고 또 다른 하나는 음의 해이다. 이것을 이해하기 위해서 'x2=4'라는 방정식을 한번 생각해보자. 이 방정식의 해는 +2와 -2 두 가지다. 이와 비슷하게 맥스웰 방정식도 양의 해와 음의 해를 가지는데, 양의 해는 시간이 과거에서 미래로 흐르는 것을 의미하고, 음의 해는 시간이 미래에서 과거로 흐르는 것을 의미한다. 따라서 물리학자들은 음의 해를 물리학적으로는 의미 없는 것으로 간주한다. 왜냐하면 시간은 항상 과거에서 미래로 흐르기 때문이다.

그러나 1941년 존 휠러$^{John Wheeler, 1911\sim}$와 리처드 파인먼$^{Richard Feynmann, 1918\sim1988}$은 이 음의 해를 진지하게 고려함으로써 양자역학의 어떤 문제들을 해결할 수 있다고 생각했다. 그들의 이론을 간략하게나마 이해하기 위해서 우리가 일상생활 속에서 흔히 보는 현상을 하나를 예로 들어보자. 어떤 어린이가 연못의 중심부

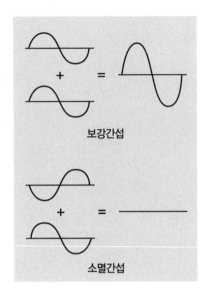

보강간섭

소멸간섭

에 돌멩이를 던진다. 그러면 그 돌멩이는 연못의 수면에 파동을 만들 것이고 (원인), 이 파동은 연못의 가장자리로 퍼져 나갈 것이다(결과). 우리는 항상 파동이 중심부에서 가장자리로 퍼져 나가는 현상(맥스웰 방정식의 양의 해)만을 관찰할 수 있을 뿐 그 반대의 현상, 즉 가장자리에서 중심부로 모여드는 현상(맥스웰 방정식의 음의 해)은 관찰하지 못한다. 휠러와 파인먼에 의하면, 연못의 중심부나 가장자리 모두 파동을 발생시키는데, 이때 발생하는 파동은 맥스웰의 양의 해에 해당하는 파동뿐 아니라, 맥스웰의 음의 해에 해당하는 파동도 포함한다. 그런데 이렇게 양쪽에서 발생한 파동들 중에서 시간적으로 원인과 결과 사이에 존재하는 파동들은 보강간섭을 일으켜 파동이 우리에게 관찰되지만, 시간적으로 원인보다 먼저 존재하는 파동과 결과보다 뒤에 존재하는 파동은 소멸간섭을 일으켜 없어지기 때문에 우리에게 관찰되지 않는 것이다. 이때, 두 파동이 소멸간섭을 일으켜 완전히 없어지기 위해서는 두 파동의 크기가 정확하게 똑같아야 한다. 즉, 과거에서 미래로 흐르는 파동과 미래에서 과거로 흐르는 파동의 크기가 정확하게 똑같아야 한다는 것이다. 이렇게 똑같은 크기의 파동을 만들어내기 위해서는 과거의 우주와 미래의 우주가 완전하게 동일해야 하고, 따라서 이 결과는 대폭발 이론보다는 정상우주론을 지지한다.

물론 정상우주론이 아무런 문제가 없는 것은 아니다. 그 중에서도 중요한 문제점 하나는 전파원radio source의 분포와 관련이 있다. 만약 전파원들이 우주에 균일하게 분포하고 있다면, 멀리 있는 전파원에서 나오는 전파의 세기가 더 약할 것이다. 하지만 실제 관측에 의하면 멀리 있는 전파원에서 나오는 전파의 세기가 더 강한 경우들이 발견된다. 이것은 멀리 존재하는 전파원들의 수가 가까이에 존재하는 전파원들의 수보다 더 많다는 것을 의미한다. 과거에는 우주에 더 많은 전파원들이 존재했는데 어떤 이유 때문에 그 수가 줄어서, 지금은 적은 수의 전파원들만이 존재한다고 생각할 수 있다. 이러한 사실은 결국 우주는 변하고 있다는 것을 보여주고, 따라서 우주가 변하지 않는다고 말하는 정상우주론이 틀릴 수 있다는 것을 암시한다.

1960년대에 발견된 퀘이사 quasar* 의 존재 역시 정상우주론을 반박하는 증거로 이용된다. 퀘이사는 매우 작지만 아주 밝게 빛나는 천체인데, 이것들은 매우 먼 곳에서만 발견되

🪐 퀘이사

강한 전파를 내는 성운으로 준성전파원 혹은 준항성체라고도 한다. 아주 먼 거리에 있음에도 높은 광도와 강한 전파 방출이 관측되며, 지구에서 관측할 수 있는 가장 먼 거리에 있는 천체. 사진을 통해서나 하늘에서 보면 항성처럼 보이지만 사실은 수천, 수만 개의 별로 이루어진 은하다.

고, 가까운 지역에서는 발견되지 않는다. 퀘이사에서 방출된 빛이 지구에 도달하는 데 걸리는 시간이 수십억 년에 달한다. 따라서 퀘이사는 매우 오래된 과거에 존재했던 천체인데, 이것은 그 당시 우주의 모습이 지금의 우주의 모습과는 많이 달랐다는 것을 암시한다.

정상우주론에 가장 치명적인 증거는 앞에서 보았던 1965년에 발견된 우주배경복사다. 우주배경복사는 대폭발 이론이 예측한 배경복사의 온도를 정확하게 보여줌으로써, 대폭발 이론의 강력한 증거로 작용함과 동시에 정상우주론을 반박하는 증거로 이용된다.

이렇게 많은 반대 증거에도 불구하고, 여전히 많은 과학자들이 대폭발 이론의 강력한 대안으로 정상우주론을 연구하고 있다. 그들은 정상우주론을 더욱 세련되게 다듬어가면서, 앞에서 제기된 여러 문제들을 해결하려고 노력하고 있다. 그중 한 예로, 최근에는 정상우주론의 내용들을 더욱 발전시키면서 대폭발 이론의 장점을 수용할 수 있는 준정상우주론quasi-steady state cosmology이 등장했다. 이 준정상우주론에서는 우주 초기의 대폭발은 인정하지만, 다른 한편으로는 그 대폭발이 우주의 기원이 되는 유일한 대폭발이 아니라, 그 뒤에도 새로운 물질들을 만들어내는 대폭발들이 계속 있었다는 내용을 담고 있다. 이것이 사실이라면 대폭발은 태초에 한 번 나타난 급작스러운 사건이라기보다, 우주의 진화 과정 중 나타나는 일련의 과정에 불과한 것이 된다. 그리고 이러한 대폭발이 지속적으로 일어난다는 의미에서 우주는 항상 일정한 모양이라고 할 수 있을 것이다. 이것은 우주가 변함 없이 일정하다는 정상우주론의 가장 기본적인 가정이 수용된 것이라고 할 수 있다.

이러한 사례에서 알 수 있듯이, 한 이론이 주류 이론으로 받아들여진다고 해서, 다른 경쟁 이론이 완전히 없어지는 것은 아니다. 오히려 그 경쟁 이론은 새로운 과학적 성과를 수용함으로써 주류 이론의 강력한 대안으로 등장하는 경우가 많다. 대폭발 이론과 정상우주론의 관계가 그 대표적인 사례인 것이다.

과학의 대중 맞춤 서비스,
과학의 대중화

현대 사회의 중요한 이슈 중 하나는 바로 과학의 대중화다. 물론 대중이 과학에 대해 이해하는 것은 쉽지 않다. 심지어 과학자들이나 과학철학자들 사이에서도 과학이 무엇인지에 대해 의견이 분분하다. 과학이 무엇인지, 그리고 과학적 방법이 어떤 것이어야 하는지를 연구하는 과학철학자들은 '특정한' 과학적 방법은 존재하지 않으며, 다양한 상황 속에서 다양한 과학적 방법들이 존재한다는 것을 알아냈다. 따라서 과학이 무엇인지 한마디로 정의하고 이해시키는 것은 불가능하다고 할 수 있다. 그럼에도 불구하고, 과학 현상과 그 결과들은 객관적으로 '존재'한다. 과학이 무엇인지 아무도 정확하게 말할 수 없다고 하더라도 모든 사람들은 나름대로의 과학에 대한 생각을 가질 수 있고 또 가져야 한다. 여기서 우리는 이러한 과학의 대중화가 가능한지, 그리고 가능하다면 어느 정도로 그리고 어떤 방식으로 가능한지 물어볼 수 있을 것이다.

다음과 같은 상황을 고려해보자. 우리가 낯선 곳에서 여행을 하기 위해서는 지도가 필요하다. 이때 우리에게 유용한 지도는 아마도 실제 거리의 축소 비율이 적은 대축척지도일 것이다. 지도가 세밀하면 할수록 우리의 여행지를 가장 정확하게 묘사해주기 때문이다. 하지만 이러한 지도는 다루기가 너무 힘들 뿐만 아니라 불필요한 요소를 너무 많이 포함하고 있다. 예를 들어 여행하는 지역의 도로 상태를 정확하게 묘사한 지도는 필요가 없다. 그저 도로와 도로가 연결되는 모습을 직관적으로 파악할 수 있게 대략적으로 보여주는 지도면 충분하다. 이와 마찬가지의 일이 과학 대중화에도 적용된다. 과학 대중화를 위한 가장 좋은 방법은 과학 그 자체를 대중들에게 제시해주는 것이다. 예를 들어 상대성 이론을 일반인들에게 알려주기 위한 가장 좋은 책은 상대성 이론에 대한 모든 종류의 논문들을 수록한 책일 것이다. 그러나 독자들이 그 책을 이해하려면 그 자신이 과학자가 될 수밖에 없는데, 이것은 과학 대중화의 올바른 방식이 아니다.

따라서 과학의 대중화는 그것을 받아들이는 사람들이 그 분야에 전문가가 아니라는 사실을 고려해야만 한다. 즉 과학 서적을 읽는 독자들을 위해 과학적 언어를 일반 대중의 언어로 '번역'함으로써 독자들이 이해하도록 도와줘야 한다. 또 내용을 취사선택하는 것도 필요하다. 과학의 영역은 매우 방대하기 때문에 그 내용을 대중들에게 모두 제시해줄 수도 없고, 설사 모든 내용들이 다 전달되더라도 대중들이 과학을 이해하는 데는 별 도움이 되지 않을 수도 있다.

세이건은 과학을 독자들이 이미 익숙해져 있는 어떤 것, 예를 들면 야구나 농구와 같은 것에 비유해봄으로써 과학의 대중화가 가능하다는 이야기를 한 적이 있다. 뉴턴 역학에서부터 현대 과학, 사회과학에 이르기까지 모든 관심 영역들은 이러한 방법을 통해서 효과적으로 설명될 수 있을 것이다. 하지만 그렇게 하는 과정에서 과학과 그것을 비유한 대상 사이의 차이점이 간과될 위험도 있다. 독자들은 비유를 통해서 뉴턴 역학을 더 잘 이해하게 될 수 있을지 모르지만, 과학 그 자체를 이해하는 데는 실패할 수도 있을 것이다. 왜냐하면 과학을 이해한다는 것은 단순히 그 과학적 내용을 잘 이해하는 것을 넘어서서, 과학만이 가지는 고유한 논리를 이해하는 것 역시 포함하기 때문이다.

그러다 보니 과학에 대한 해석, 즉 과학 이론이 의미하는 바가 무엇인가에 대한 의견이 생길 수밖에 없다. 과학에 대한 이러한 해석은 두 가지 방식으로 과학 대중화에 영향을 미친다.

첫째, 과학에 대한 '표준적인 해석'이란 것은 없기 때문에, 과학을 보급하는 사람들은 과학과 과학적 문제들에 대한 자신의 해석을 제공할 수밖에 없다. 네덜란드 위트레흐트 대학의 '자연과학의 기초와 철학' 교수인 데니스 딕스Dennis Dieks는 양자역학의 대중화와 관련해서 다음과 같이 말했다.

과학의 대중화를 시도하는 사람들이 과학적 내용을 일반인들에게 전달할 때, 그 내용을 전혀 왜곡시키지 않으면서 전달하는 것은 불가능하다.

즉, 모든 과학적 내용들은 전달자의 해석에 의해 내용의 변화를 겪게 된다는 것이다.

둘째, 독자들 스스로도 과학에 대한 그들의 해석을 가지고 있다. 그것은 객관적인 지식에 근거한 것일 수도 있지만, 어떤 경우에는 과학에 대한 잘못된 선입견에 근거한 것일 수도 있다. 따라서 그 해석은 때로는 과학적 내용을 제대로 이해할 수 있도록 돕기도 하지만, 때로는 그 내용을 심각하게 왜곡한다. 그 결과 과학과 대중들 사이의 거리는 점점 더 멀어지기만 하는 것이다.

이러한 부작용에도 불구하고, 여전히 많은 사람들이 과학 대중화의 가능성에 대해서 긍정적으로 생각한다. 모든 특정 과학의 내용들을 하나씩 소개하는 것도 가능하고, 특정 과학자의 작업 내용을 하나씩 소개하는 것도 가능하다. 문제는 시간이다. 이 모든 내용들을 하나씩 소개하기 위해서는 많은 시간들을 필요로 한다. 이것은 어떻게 보면 당연한 것인지도 모른다. 과학뿐 아니라 모든 것을 배우기 위해서는 시간이 필요하기 때문이다. 따라서 과학 대중화를 위해 노력하는 사람들은 지나치게 이상적인 생각을 가져서는 안 된다.

예를 들어보자. 실제로 과학 대중화를 위한 서적들은 무수히 많이 존재한다. 그중 어떤 책들은 과학 대중화를 위한 이상적인 모델이라고 할 만하지만, 어떤 책들은 오히려 많은 부작용을 낳는 것으로 여겨지기도 한다. 여기에서는 과학 대중화의 좋은 사례로서 호킹의 책 《시간의 역사》와 나쁜 사례로서 데이비드 러너David Lerner의 책 《대폭발은 결코 일어나지 않았다The Big Bang Never Happened》(1991)를 살펴볼 것이다.

  과학 저널리스트였던 러너는 《대폭발은 결코 일어나지 않았다》를 출간하기 위해 두 명의 천문학자에게서 도움을 받았다. 제목부터 약간은 자극적인 이 책은 우주에 대한 현대의 표준 이론이 완전히 틀린 것이라는 주장을 대중들에게 전달했다. 그는 대폭발 이론이 설명하지 못하는 많은 현상들을 나열해 대폭발 이론이 얼마나 허점이 많은지 보여주었다. 이 책의 제목만 보더라도 러너의 논리대로 그 책을 읽은 사람들은 대폭발 이론이 완전히 엉터리라는 생각을 가지게 되었을 것이다. 물론 과학 이론 중에 완전한 이론은 없고, 대폭발 이론 역시 허점이 있는 것은 사실이다. 하지만 비록 완전하지 않더라도 현재 우리가 가지고 있는 가장 발달한 과학 이론을 완전한 엉터리로 모는 것은 과학적인 태도가 아니다. 과학은 완전한 이론을 가지고 하는 작업이라기보다, 불완전한 이론을 점점 완전한 것으로 만들어가는 작업이기 때문이다. 따라서 과학적이지 않은 생각을 과학적이라고 포장하는 것은 물론, 현재의 과 표준 과학이 엉터리라고 대중들에게 전달하는 것은 모두 대중들의 과학에 대한 생각을 오도誤導

할 위험이 있다. 게다가 하나의 표준 이론이 그런 식으로 폐기된 이후에는 다른 영역의 다른 이론들 역시 대중에게 확신을 심어 주지 못하게 될 것이다. 그것은 과학에 대한 사람들의 그릇된 인식을 가져오게 된다. 그런 의미에서 러너의 시도는 매우 위험한 것이다.

반면 앞에서 보았던 호킹의 《시간의 역사》는 과학 대중화를 위한 매우 뛰어난 모범 사례다. 호킹은 어려운 천체물리학적 내용을 가능한 한 쉽게 기술하고 있다. 특히 그 책에서는 단 하나의 수학 공식만을 사용했는데, 그 이유는 수학 공식을 많이 사용하면 대중에게 거부감을 줄 수 있기 때문이었다. 대중화의 관점에서 보자면, 과학 서적이 대중들에게 많이 팔릴수록 좋은 것은 당연한 일이다. 호킹은 이러한 점을 잘 이해하고 있었고, 《시간의 역사》는 유례없는 성공을 거두었다.

그렇다면 이렇게 대량으로 판매되는 과학 서적이 과학 대중화를 이끌어줄 수 있을까? 그 대답은 '예'일 수도 있고, '아니요'일 수도 있다. 사이비 과학과 관련된 책들은 '좋은' 과학 서적들보다 더 대중적인 인기를 끌 수 있지만, 그것은 과학의 대중화와는 전혀 거리가 멀기 때문이다. 또한 책의 내용이 편견에 사로잡혀 있지 않아야 하고 명확해야 하며, 표준 과학의 모습을 보여주어야 한다는 점도 똑같이 중요하다. 호킹의 《시간의 역사》는 이런 관점에서 매우 모범적이다.

결론적으로 말해 러너의 책은 잘못된 방식으로 과학 대중화를 시도하는 것은 위험할 수도 있다는 것을 보여준다. 그 안에 사이비 과학이 잠복해 있을 수도 있기 때문이다. 과학에 매료되고 과학을 배우고자 하는 열망을 가진 일반인들은 그것을 잘 알지 못하기 때문에 일종의 보호 장치가 필요하다. 어떻게 하면 그것이 가능한가? 과학의 대중화를 위해서 노력하는 사람들은 과학을 객관적으로 보여주고 과학과 사이비 과학을 확실하게 구별하려 노력 해야 한다. 조지 게일 $^{George\ Gale}$ 은 다음과 같이 말했다.

우리는 오늘날의 우주론에 포함되어 있는 공론空論적 측면을 가능한 한 피하기 위해 노력해야 한다. 비록 대중들이 가장 많은 관심을 가지는 측면이 이러한 공론적 측면일 수도 있지만, 이 경우는 자제심과 인내가 최선의 방법이다. 왜냐하면 우주론에 포함되어 있는 공론은 단지 공론일 뿐이기 때문이며, 공론은 과학이 아니기 때문이다. 우리가 만일 이러한 공론을 과학적 문맥 속에서 대중들에게 전달함으로써 대중을 잘못된 지식으로 이끈다면, 그것은 대중들이나 우리 스스로에게 그릇된 방법으로 봉사하는 일이 될 것이다.

게일의 말은 전달자로서 과학자의 책임이 얼마나 큰가를 잘 보여준다고 할 수 있다. 하지만 방법론적인 측면에서, 우주론에서의 공론은 필수적이다. 러시아 화학자인 일리야 프리고진 $^{Ilya\ Prigogine,\ 1917\sim 2003}$ 은 과학은 가능한 한 있는 그대로 전달되어야만

한다고 했다. 과학이 만들어진 모양 그대로 그것의 언어로 전달되어야 한다는 것을 뜻한다. 따라서 공론이 거기에 포함되는 것은 어쩔 수가 없다. 호킹이 《시간의 역사》에서 아직도 논쟁의 여지가 있는 주제에 대해서 자신의 의견을 이야기할 때, 그는 독자들에게 과학이 여전히 발달하고 있는 중이며 그것이 공론에 의존하고 있다는 것을 보여주었다. 그러나 일반인들은 그 차이를 잘 이해하지 못했다. 그 책이 대중 서적으로서 매우 성공적이긴 하지만, 자신의 최신 의견이 매우 공론적이라는 것을 그가 명확히 밝혔더라면 더 좋았을 것이라는 아쉬움이 남는다.

그래도 호킹의 《시간의 역사》는 과학적으로 정확하고, 관념적으로 수용할 수 있고, 효과적이며 객관적인 과학 대중서가 불가능한 것은 아님을 보여주었다. 그러나 더욱 중요한 것은, 저자들이 자신들의 관점에 대해서 명확하게 이해하는 것이며 과학 대중화를 자신들의 목적을 위해 이용하지 않아야 한다는 것이다.

에필로그

Epilogue

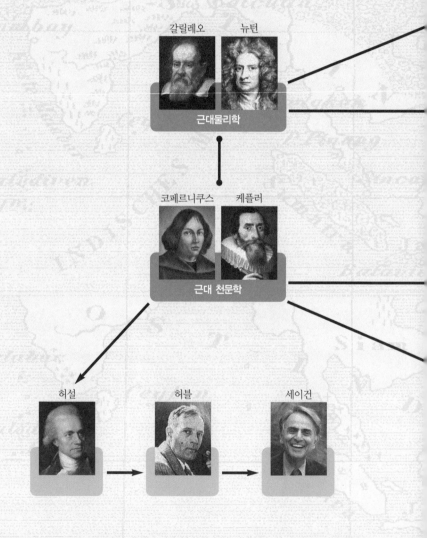

갈릴레오　　뉴턴

근대물리학

코페르니쿠스　　케플러

근대 천문학

허셜　　　　허블　　　　세이건

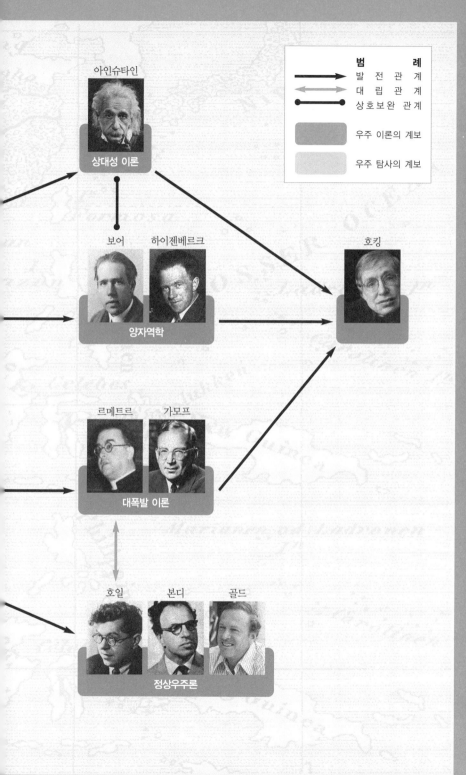

범　　례
발 전 관 계
대 립 관 계
상 호 보 완 관 계
우주 이론의 계보
우주 탐사의 계보

아인슈타인
상대성 이론

보어　　하이젠베르크
양자역학

호킹

르메트르　　가모프
대폭발 이론

호일　　본디　　골드
정상우주론

EPILOGUE 2
지식인 연보

• 기원전

3000?	이집트에서 별의 관측을 토대로 한 달력 발명
763	아시리아에서 처음으로 일식 관측
585	탈레스, 일식을 예언
265	아리스타르코스, 지동설 제창

• 기원후

150	프톨레마이오스, 천동설 주장
632 ~647	신라에서 세계 최초의 천체 관측소인 첨성대 건립
1543	코페르니쿠스, 지동설 주장
1609	갈릴레오의 낙하법칙, 케플러의 제1, 제2법칙 발표
1687	뉴턴, 《자연철학의 수학적 원리 Philosophiae Naturalis Principia Mathematica》 출간
1773	윌리엄 허셜(William Herschel), 초점거리 168센티미터의 반사망원경 제작
1801	카를 가우스(Karl Gauss), 소행성 세레스(Ceres)의 궤도 측정
1864	윌리엄 허긴스(William Huggins), 성운의 흔적 발견
1879	앨버트 마이컬슨(Albert Michelson)과 에드워드 몰리(Edward Morley), 빛의 속도 측정

1900	막스 플랑크(Max Planck), 양자 가설을 주장해 양자역학의 초석 마련
1905	아인슈타인, 특수상대성이론 발표
1913	닐스 보어, 수소 원자의 스펙트럼을 양자역학으로 설명 성공
1916	아인슈타인, 일반상대성이론 발표
1923	에드윈 허블, 외부은하 발견
1924	루이 드브로이(Louis de Broglie), 물질파 개념 제안
1926	로버트 고더드(Robert Goddard), 최초로 액체추진제를 사용한 로켓 발사
1927	베르너 하이젠베르크, 불확정성 원리 제안
1927	과학자들이 양자역학의 대표적 해석인 '코펜하겐 해석' 제안
1930	클라이드 톰보(Clyde Tombaugh), 명왕성 발견
1931	칼 잰스키(Karl Jansky), 외계 전파원에서 흘러나오는 전파 최초 발견
1939	한스 베테(Hans Bethe), 최초로 별의 에너지원 규명
1948	방사능천문학 시작
1957	소련, 최초로 지구를 한 바퀴 돈 인공위성 스푸트니크 1호 발사
1958	NASA 창설
1961	프랭크 드레이크, SETI 시작 유리 가가린(Yurii Gagarin), 인류 최초로 우주 비행에 성공
1967	조슬린 버넬(Jocelyn Burnell)과 앤터니 휴이시(Antony Hewish), 펄서 발견
1969	닐 암스트롱(Neil Armstrong), 인류 최초로 달에 착륙
1972	NASA에서 파이어니어 10호 발사
1979	린다 모라비토(Linda Morabito), 보이저 1호가 보내 온 사진을 통해서 목성의 위성 이오에서 화산 분출 발견
1981	NASA, 최초의 우주왕복선 컬럼비아 호 발사
1987	이언 셸턴(Ian Shelton), 1604년 이후 처음으로 맨눈으로 관측 가능한 초신성 발견

1989	목성 탐사선 갈릴레오 호 발사
1990	허블 우주 망원경 발사
1992	알렉산데르 볼슈찬(Alcksandcr Wolszczan), 펄서에서 최초로 태양계 외부의 행성 발견
1995	미헬 마이어와 디디에 쾰로즈, 최초로 태양과 같은 어른별 행성 발견
1999	화성전역조사선(Mars Global Surveyor), 화성에 한때 바다가 존재했다는 증거 발견
2003	우주배경복사탐사위성(Wilkinson Microwave Anisotropy Probe, WMAP), 우주의 나이(137억 년) 규명
2005	하위헌스(Huygens) 우주 탐사선, 토성의 제일 큰 위성인 타이탄에 착륙, 지동설 제창

키워드 찾기

- **대폭발 이론**^{big bang theory} 우주가 대폭발에 의해 시작되었다고 설명하는 이론. 르메트르, 가모프 같은 과학자들에 의해 고안·발전되었으며, 허블의 관측, 우주배경복사의 발견 등으로 많은 사람들이 받아들이게 되었다.

- **도플러 효과**^{Doppler effect} 빛이나 소리와 같은 파동이 그 파동원의 관찰자에 대한 상대적 움직임 때문에 주파수나 진폭이 변화되어 관측되는 현상. 파동원이 관찰자에게 다가오면 청색편이가 일어나고, 파동원이 관찰자에게서 멀어지면 적색편이가 일어난다.

- **드레이크 방정식**^{Drake equation} 1961년 드레이크가 발표한 방정식으로서, 우리 은하에 존재할 수 있는 지적 생명체의 개수를 추정하기 위한 공식이다.

- **백색왜성**^{white dwarf} 태양과 비슷한 질량을 가진 별의 진화의 마지막 단계로, 작고 단단하며 점점 어두워지고 있는 천체.

- **블랙홀**^{black hole} 중력이 매우 커서 빛을 포함한 그 어느 것도 거기서 빠져나올 수 없는 천체.

- **성단**^{star cluster} 서로에게 중력을 작용하면서 같이 모여 있는 별들의 집합체. 이 안에 속해 있는 별들은 같은 시기에 탄생했다.

- **쌍성**^{binary star} 우주 공간에서 동일한 무게중심을 공유하면서 공전하고 있는 두 개의 별.

- **성운**^{nebula} 우주 공간에 존재하는 가스나 먼지 덩어리. 이것들은 빛을 내뿜거나(발광성운), 반사하거나(반사성운), 흡수한다(암흑성운). 이 가스나 먼지 덩어리들이 중력 작용으로 점점 중심으로 뭉치게 되면 새로운 별이 만들어진다.

- **수소 핵융합 반응**hydrogen nuclear fusion reaction 어른별의 중심부에서는 매우 높은 온도와 압력 때문에 수소 핵융합 반응이 일어난다. 이것은 수소 원자 두 개가 하나의 헬륨 원자를 만들어내는 과정으로, 이 과정에서 강한 에너지가 별 외부로 방출된다.

- **암흑 에너지**dark energy 그 정체가 확실하게 알려지지는 않았지만, 밀어내는 중력이 작용하는 것처럼 보이는 물리 현상. 이것 때문에 우주가 팽창하는 속도가 크게 증가한다.

- **엔트로피**entropy 열역학 제2법칙의 핵심 개념으로서, 어떤 물리계의 무질서도를 나타낸다. 열역학 제2법칙에 의하면 이 엔트로피는 항상 증가한다. 즉, 외부에서 인위적인 조작이 가해지지 않는 물리계의 무질서도는 항상 증가한다.

- **우주배경복사**cosmic microwave background radiation 우주의 대폭발 당시 만들어졌던 복사가 시간이 흐름에 따라 점점 식어 현재의 우주 공간에 존재하는 것으로서, 대폭발 이론이 받아들여지게 된 결정적인 계기가 되었다.

- **은하**galaxy 수십억 개의 별들과 수많은 먼지와 가스들의 집합체. 그 모양에 따라 나선은하, 타원은하 등으로 나뉜다. 우리은하는 나선은하의 한 종류다.

- **적색거성**red giant star 태양보다 약간 가벼운 별들이 어른별 시기를 다 지나게 되면 맞이하게 되는 단계. 적색거성은 별이 부풀어 올라 거대한 부피를 가지며, 별의 중심부 대신, 별의 표면에서 수소 핵융합 반응이 일어난다.

- **적색편이**red shift 도플러 효과 때문에 빛이나 소리의 파장이 증가하는 현상.

- **정상우주론**steady-state cosmology 호일 등에 의해서 제안된 우주론으로 우주가 어느 시점에 생겨나고 사라지는 것이 아니라 항상 변하지 않고 존재한다는 이론.

- **중성자별**neutron star 15~20킬로미터 정도의 직경을 가진, 태양보다 무거운 천체. 죽어가는 별의 한 단계로서, 마치 등대처럼 주기적으로 전파나 X선을 방출해 펄서(pulsar)라고 부르기도 한다.

- **초신성**supernova 별이 점점 팽창하다가 완전히 붕괴되는 거대한 폭발. 그 결과, 별의 바깥 부분에 있던 가스는 우주 공간으로 다 방출되고, 그 중심부에는 중성자별이나 블랙홀이 형성된다. 어떤 초신성은 육안으로도 관찰될 만큼 밝은

빛을 낸다.

• **팽창 이론**^{inflation theory} 대폭발 이론의 단점을 보완하기 위해 앨런 구스에 의해 제안된 이론. 이 이론에 의하면 대폭발이 일어난 후 10^{-43}초와 10^{-10}초 사이에 우주는 급격하게 팽창되었다고 한다.

• **펄서**^{pulsar} 매우 빨리 회전하는 작고 밀도가 높은 천체로서, 등대에서 빛을 방출하듯이 빛이나 전파 또는 X선을 방출한다.

• **행성**^{planet} 별 주위를 공전하는 크고 둥근 천체. 이것들은 별들과 달리 핵융합에 의해 에너지를 만들지 않는다.

• **행성상 성운**^{planetary nebula} 태양과 같은 별이 죽어가면서 바깥으로 밀어낸, 빛을 내면서 팽창하는 가스 구름.

• **SETI**^{Search for Extra-Terrestrial Intelligence} 외계 지적 생명체 탐사 프로젝트. 우주로부터 오고 있을지도 모르는 외계인의 신호를 포착하기 위해 전파 망원경을 이용한다.

EPILOGUE 4

깊이 읽기

• 칼 세이건, 《코스모스》 – 사이언스북스, 2004
두말할 필요도 없는 세이건의 베스트셀러. 세이건은 우주를 아름답고 정확하게 보여준 이 책을 통해 처음으로 대중에게 알려지게 되었다.

• 칼 세이건, 《콘택트》 – 사이언스북스, 2001
세이건의 소설 작품. 외계의 지적 생명체를 찾고자 하는 여주인공 엘리의 모습을 통해 이 분야에 대한 과학적인 접근이 어떠해야 하는지를 보여주었다. 이 작품은 영화로도 만들어지기도 했는데, 세이건이 사망하기 직전 이 영화 제작에 직접 참여해 많은 화제가 되기도 했다.

• 칼 세이건, 《악령이 출몰하는 세상》 – 김영사, 2001
세이건의 철학이 잘 드러나 있는 책이다. 이 책에서 그는 과학적 사고, 회의주의 등에 대해 설명하면서, 자신의 전문 분야인 천문학뿐 아니라 다른 제반 과학 분야를 함께 다루고 있으며, 나아가 미신, 점성술, UFO 등에 대해서도 이야기하고 있다.

• 데이비드 필킨, 《스티븐 호킹의 우주》 – 도서출판 성우, 2001
이 책은 호킹의 우주론을 쉽게 이해할 수 있도록 기획된 책이다. 호킹의 친구인 필자는 고대의 우주관부터 현대 우주론에 이르기까지 우주에 대한 지식이 어떻게 발전해왔는지 잘 보여준다. 매우 쉬운 책이므로, 한번 읽어볼 만하다.

• 스티븐 호킹, 《시간의 역사》 – 삼성출판사, 1990
호킹에게 대중적 인기를 가져다준 역작이다. 일반인들을 대상으로 어려운 우주론을 쉽게 풀어썼다.

❖ 가볼 만한 우주 관련 웹사이트

• http://adc.gsfc.nasa.gov/mw/milkyway.html

천문학자들이 어떻게 다양한 파장 영역을 이용하여 연구하는지를 보여주며, 특히 이들을 통해 관측된 우리은하의 모습을 다양하게 보여준다.

• http://hubblesite.org/gallery/

행성, 어른별, 초신성, 블랙홀, 은하 등 다양한 천체 사진을 보여준다.

• http://www.seti.org/

SETI 연구소 홈페이지로, SETI와 관련된 모든 것을 알아볼 수 있다.

• http://www.astro.ucla.edu/~wright/cosmology_faq.html

UCLA 천문학과에서 운영하는 사이트로 우주론 관련 질문과 답변들이 올라와 있다.

• http://www.hawking.org.uk/

호킹의 공식 홈페이지. 호킹에 관련된 다양한 자료들을 찾아볼 수 있다.

인류의 지성사를 이끌어온
100인의 지식인 마을 주민들